永续经济
走出新经济革命的迷失

[法] 艾曼纽·德拉诺瓦 / 著

胡瑜 / 译

图书在版编目（CIP）数据

永续经济：走出新经济革命的迷失/(法)艾曼纽·德拉诺瓦(Emmanuel Delannoy)著；胡瑜译. -- 北京：中国文联出版社，2017.9（2022.10重印）
（绿色发展通识丛书）
ISBN 978-7-5190-3052-0

Ⅰ.①永… Ⅱ.①艾… ②胡… Ⅲ.①环境经济学-研究 Ⅳ.①X196

中国版本图书馆CIP数据核字(2017)第217197号

著作权合同登记号：图字01-2017-5138

Originally published in France as : Permaéconomie by Emmanuel Delannoy © Editions Wildproject, 2016
Current Chinese language translation rights arranged through Divas International, Paris／巴黎迪法国际版权代理

永续经济 ：走出新经济革命的迷失
YONGXU JINGJI: ZOUCHU XINJINGJIGEMING DE MISHI

作　　者：[法]艾曼纽·德拉诺瓦	译　　者：胡　瑜
	终 审 人：朱　庆
责任编辑：冯　巍	复 审 人：闫　翔
责任译校：黄黎娜	责任校对：王　楠
封面设计：谭　锴	责任印制：陈　晨

出版发行：中国文联出版社
地　　址：北京市朝阳区农展馆南里10号，100125
电　　话：010-85923076（咨询）85923092（编务）85923020（邮购）
传　　真：010-85923000（总编室），010-85923020（发行部）
网　　址：http://www.claplus.cn
E-mail：clap@clapnet.cn　　　fengwei@clapnet.cn

印　　刷：保定市正大印刷有限公司
装　　订：保定市正大印刷有限公司
本书如有破损、缺页、装订错误，请与本社联系调换

开　　本：720×1010　1/16	
字　　数：86千字	印　张：9
版　　次：2017年9月第1版	印　次：2022年10月第4次印刷
书　　号：ISBN 978-7-5190-3052-0	
定　　价：36.00元	

版权所有　翻印必究

"绿色发展通识丛书"总序一

洛朗·法比尤斯

1862年,维克多·雨果写道:"如果自然是天意,那么社会则是人为。"这不仅仅是一句简单的箴言,更是一声有力的号召,警醒所有政治家和公民,面对地球家园和子孙后代,他们能享有的权利,以及必须履行的义务。自然提供物质财富,社会则提供社会、道德和经济财富。前者应由后者来捍卫。

我有幸担任巴黎气候大会(COP21)的主席。大会于2015年12月落幕,并达成了一项协定,而中国的批准使这项协议变得更加有力。我们应为此祝贺,并心怀希望,因为地球的未来很大程度上受到中国的影响。对环境的关心跨越了各个学科,关乎生活的各个领域,并超越了差异。这是一种价值观,更是一种意识,需要将之唤醒、进行培养并加以维系。

四十年来(或者说第一次石油危机以来),法国出现、形成并发展了自己的环境思想。今天,公民的生态意识越来越强。众多环境组织和优秀作品推动了改变的进程,并促使创新的公共政策得到落实。法国愿成为环保之路的先行者。

2016年"中法环境月"之际,法国驻华大使馆采取了一系列措施,推动环境类书籍的出版。使馆为年轻译者组织环境主题翻译培训之后,又制作了一本书目手册,收录了法国思想界最具代表性的 33 本书籍，以供译成中文。

中国立即做出了响应。得益于中国文联出版社的积极参与，"绿色发展通识丛书"将在中国出版。丛书汇集了 33 本非虚构类作品，代表了法国对生态和环境的分析和思考。

让我们翻译、阅读并倾听这些记者、科学家、学者、政治家、哲学家和相关专家：因为他们有话要说。正因如此，我要感谢中国文联出版社，使他们的声音得以在中国传播。

中法两国受到同样信念的鼓舞，将为我们的未来尽一切努力。我衷心呼吁，继续深化这一合作，保卫我们共同的家园。

如果你心怀他人，那么这一信念将不可撼动。地球是一份馈赠和宝藏，她从不理应属于我们，她需要我们去珍惜、去与远友近邻分享、去向子孙后代传承。

2017 年 7 月 5 日

（作者为法国著名政治家，现任法国宪法委员会主席、原巴黎气候变化大会主席，曾任法国政府总理、法国国民议会议长、法国社会党第一书记、法国经济财政和工业部部长、法国外交部部长）

"绿色发展通识丛书"总序二

铁凝

这套由中国文联出版社策划的"绿色发展通识丛书",从法国数十家出版机构引进版权并翻译成中文出版,内容包括记者、科学家、学者、政治家、哲学家和各领域的专家关于生态环境的独到思考。丛书内涵丰富亦有规模,是文联出版人践行社会责任,倡导绿色发展,推介国际环境治理先进经验,提升国人环保意识的一次有益实践。首批出版的33种图书得到了法国驻华大使馆、中国文学艺术基金会和社会各界的支持。诸位译者在共同理念的感召下辛勤工作,使中译本得以顺利面世。

中华民族"天人合一"的传统理念、人与自然和谐相处的当代追求,是我们尊重自然、顺应自然、保护自然的思想基础。在今天,"绿色发展"已经成为中国国家战略的"五大发展理念"之一。中国国家主席习近平关于"绿水青山就是金山银山"等一系列论述,关于人与自然构成"生命共同体"的思想,深刻阐释了建设生态文明是关系人民福祉、关系民族未来、造福子孙后代的大计。"绿色发展通识丛书"既表达了作者们对生态环境的分析和思考,也呼应了"绿水青山就是金山银山"的绿色发展理念。我相信,这一系列图书的出版对呼唤全民生态文明意识,推动绿色发展方式和生活方式具有十分积极的意义。

20世纪美国自然文学作家亨利·贝斯顿曾说:"支撑人类生活的那些诸如尊严、美丽及诗意的古老价值就是出自大自然的灵感。它们产生于自然世界的神秘与美丽。"长期以来,为了让天更蓝、山更绿、水更清、环境更优美,为了自然和人类这互为依存的生命共同体更加健康、更加富有尊严,中国一大批文艺家发挥社会公众人物的影响力、感召力,积极投身生态文明公益事业,以自身行动引领公众善待大自然和珍爱环境的生活方式。藉此"绿色发展通识丛书"出版之际,期待我们的作家、艺术家进一步积极投身多种形式的生态文明公益活动,自觉推动全社会形成绿色发展方式和生活方式,推动"绿色发展"理念成为"地球村"的共同实践,为保护我们共同的家园做出贡献。

中华文化源远流长,世界文明同理连枝,文明因交流而多彩,文明因互鉴而丰富。在"绿色发展通识丛书"出版之际,更希望文联出版人进一步参与中法文化交流和国际文化交流与传播,扩展出版人的视野,围绕破解包括气候变化在内的人类共同难题,把中华文化中具有当代价值和世界意义的思想资源发掘出来,传播出去,为构建人类文明共同体、推进人类文明的发展进步做出应有的贡献。

珍重地球家园,机智而有效地扼制环境危机的脚步,是人类社会的共同事业。如果地球家园真正的美来自一种持续感,一种深层的生态感,一个自然有序的世界,一种整体共生的优雅,就让我们以此共勉。

2017年8月24日

(作者为中国文学艺术界联合会主席、中国作家协会主席)

目录

序言

1 万事俱备
新工业革命的枪声已经打响

另辟蹊径（002）

更多更高效的合作（008）

创新方式的创新（015）

资源，弥足珍贵的资源（018）

再投资于自然资本的经济（022）

就业问题（026）

2

正在发生的变化
真正本质

当人类的历史遇上生命的历史（035）

工业革命及其遗产（040）

重温基本原理：支配一切的规律（049）

通过生物圈认识我们的经济（057）

合作共生（065）

危机，什么危机？（067）

扩展适应（071）

3
永续经济
服务于生命的经济

循环经济,来自生命的启示(077)

变换认识高度(088)

人类与生物圈:从征服到携手(097)

思想和行动的框架(103)

抓住机遇(110)

附录

永续农业的基本原则及其在永续经济上的应用(114)

仿生学及其在不同层面的应用(118)

仿生学的三个运用层面(121)

术语表(123)

致罗贝尔（Robert）、雅克（Jacques）：

与生命为战友！

序言

我们的经济走到今天,似乎已无力创造人们本可以期待的共同繁荣。无论在企业与消费者之间、雇主与员工之间,还是在经济主体相互之间,信任不再。更普遍地看,人们对未来的信心亦是一落千丈。为了求生,人们厮杀恶斗,不择手段,剑拔弩张的气氛一触即破。即便经济依然在制造财富,但它的惠及面不断缩小,而且往往要为之付出不可挽回的代价。彼此防范成为社会心理的新常态,人们日趋自我封闭,互助友爱的关系变得千疮百孔,人类社会昔日的价值基石逐一遭到遗弃。

问题出在哪里?首先,我们的经济与现实严重脱节,走向无节制的金融化运转,与真实世界毫无联系,无视全局和长远利害关系。其次,还有那些贪得无厌的人,他们亲手制造混乱,随后精明巧妙地从中攫取暴利,进而坐实地位、扩大权力。更关键的是,绝对的"大多数"人面对完全超越自己能力范围的运作体系,被无能感彻底碾轧,于是不再奢求读懂这个复杂体系的工作原理,自甘无为,成为沉默的受害者,无奈的受害者,或者说,默许的受害者。

然而,正如爱因斯坦所说,"世界的危险并非完全来自作恶的人,而是更多来自于袖手旁观的人"。寻求理解,就已经是反抗。为掌握自己的命运而采取行动、积极创业、改变消费模式,就已经是抵抗。面对犬儒者和渔利分子,越来越多的人拒绝屈服。有人选择了行动,因为他们明白,要改变这个世界,其根本就在于让经济和企业这两个无比强大但复杂易变的工具合作发力。

任凭旧世界喧嚣纷攘,新的经济革命亦悄然进行。未来经济以人类与生物圈崭新的关系为基础,不仅能够维持财富,还会有助于保护生物多样性,有助于维持生物圈的生态化运作。而后者正是人类自我实现的根本基石,是经济生产的"自然资本"。人类设计并管理的第一生产制度即农业也同样走上了这条道路,新的生产和零售模式渐成气候,不过也许过于缓慢。其实富有远见的农业工程师早在20世纪70年代就提出了"永续农业"。"永续农业"是个系统性的思考框架,能够细化为行动的设计准则。"永续经济"则从生物圈汲取灵感,并与其运转浑然一体,是"永续农业"在整个经济领域——从生产到商业的沿用。"永续经济",是对经济的一种全新解读,它接受真实世界的复杂性并将之纳入设计,使每一个人都知道,自己的任何行动都以人类和非人类(二者皆属于生物圈)之间的关系为全局背景。

写作本书并非心血来潮。它始于一系列邂逅,其中有一次可谓奇特之至。几年前,一个毫不起眼的小生灵唤醒了我对经济本真的理解。经济,并非仅仅是人类通过劳动、能力和技术进行财富的制造和分配,以及活好当下并为未来做好准备,它还意味着相互联系、相互依赖、合作、规划、偶然和巧合。经济的基础是人类对源于自然活动的资源的运用,而这些资源从来都不受人类控制。作为科学范畴的词汇,经济和生态这两个词的语义有千丝万缕的联系。人类的活动有赖于生物圈,后者又承受着前者的影响,适应之、回应之。那条小虫子[①]使我醍醐灌顶的信息就是:问题的关键并非"将生物多样性纳入经济",相反是"将经济重置回生物多样性中"。换句话说,让人类活动中的物质能量流与生物圈中的物质能量流达到兼容同步。

此后,我又结识了一些人,一些参与创造和建构未来经济的人,他们所做的事情正是将早已返回树林的小昆虫的忠告付诸实践。所以,我是在小虫子那双善意又

[①] 此处的小虫子即上文的小生灵。这个故事说来话长,篇幅所限,不在此赘述。参见艾曼纽·德拉诺瓦:《向人类讲解经济——一只昆虫的视角》,王旻译,中国文联出版社2017年版。

警觉的眼睛注视下，用这本新书借花献佛，将它带给我的思考更新并延伸。

　　这本书是写给您的。它的对象不是那些作恶的人，这些人对于如何将经济的运转挪为己用早已轻车熟路。这本书的读者应该是您身边那些因为自觉无力而想要放弃的人，是生产者或消费者中试图为新经济出一份力的人，是那些懂得经济并非教条的人。他们懂得，有许多方法需要智慧地运用，而真正的经济正是这些方法之大成。

1

万事俱备
新工业革命的枪声已经打响

另辟蹊径

没人看得懂的公式、爬满了数据的表格……只有寥寥无几的专家号称能"解密",其实他们只不过是借表格说自己想说的话。又有谁会觉得这些方程式、理论、复杂的数学模型、性能指数……跟自己有关呢?

然而,正是经济构成了我们的日常生活,经济打造着我们的未来。所以,我们只能在被动地承受和积极理解并行动之间做出选择。对有些人而言,的确,经济仅仅就是挣钱的方式——钱越多越好,他们的贪婪已经到了令人发指的荒谬程度。但对于另一部分越来越壮大的人群来说,经济是解决问题的关键,是在社会上留下积极印痕的途径,是改变世界的起点。我们寻找的就是这些人,因为前者只是"说"经济,而后者是在"做"经济。

为了做得更好,为了迎接挑战,人们创新、发明,有时甚至临场发挥见招拆招。但唯有与市场契合才算得上真正的创新。

要想在今天搞创新、提出能够有效解决社会难题的具体方案,唯有抛开传统良方,另辟蹊径,用新的方式去思考。社会和环境的难题靠技术是无法彻底解决的,至少不能只依靠技术。现在我们有迫切的需要去想象一种系统化的创新思路,它必须能够统筹考虑在不同层级规模的技术、组织、社会和经济等因素。这样的思路是切实存在的,并且已经有不少大大小小的企业成功地将其付诸实践。

四氯乙烯曾经是干洗行业普遍使用的洗涤溶剂,但因其有剧毒而遭禁用。此后,一家地处罗纳河口省的中小企业[①]开发出了替代品。他们选用的新产品不仅对人体和环境无害,并且能轻松地从衣物和污水中分离,实现多次使用。在这家企业的推动下,一台新的机器也应运而生,专门与新产品配套使用,具有高效节能的优点。在法律要求逐步淘汰使用四氯乙烯的老设备时推出这一项创新,应该说是下了一场及时雨。然而若要跟上新法规的要求,就得投资 5 万欧元左右,许多商家就开始犹豫了,其中一部分最终还是选择了转让店铺。这就造成了员工失业和干洗业务过度集中于少数门店的后果。城里的众多商家关门大吉之后,顾客只能驱车把要洗的衣物送往城郊购物中心的门店。

---

① 该企业名为 AT Industries,位于法国南方普罗旺斯的热姆诺村(Gémenos)。

于是这家企业想出一种替代方案。它售卖的不再是设备、洗涤剂、耗材和维护服务，而是新设备的使用轮次。干洗店不需要出钱或贷款购买新设备，而是购买一体化的"全包"服务，不存在欺诈也没有隐性成本。这是一项非物质层面的创新，因为它推出了一种新的收费模式，让客户（干洗商）对自己的经营成本一目了然。同时客户还得到可靠的保障，能够随时使用性能良好的设备，因为他们购买的是厂家承诺的洗涤结果，而不是洗涤工具。新模式的成本与原有模式基本相当，但区别在于，原有模式中，客户需要自己购买设备并承担维护费用。

这样的全方位创新思路诚然有技术成分，但它更多是组织和经济层面的创新。可见，从现在起完全有可能提出环境、经济和社会难题的优良解决方案。

现在想象一下，在一家知名轮胎制造企业的咖啡厅，研发中心主任和市场部经理一起喝咖啡。搞研发的工程师告诉对方自己找到了一种技术方案，能够让轮胎的使用寿命延长一倍。然而他的满腔热情被瞬间浇灭，因为研究市场的同事告诉他，客户对于轮胎有一个心理价位的范围，所以把轮胎价格翻倍的这种想法根本不切实际。对于生产商来说，这就意味着创新的价值——为客户带来的好处——荡然无存，或者说至少大打折扣。最后解决这个难题的还是一项经济层面的创新：标价售卖的不再是轮胎，而是行驶的公里数。由于每个轮胎都能多跑一倍的路程,因此新创造的经济价值不再与实体产品的数量挂钩。也就是说,货真价实的技术创新借助于经济模式创新才得以进入市场。这个产品真实存在,就是米其林的"米其林车队"(Michelin Fleet Solutions)。出于组织流程的考虑,目前这个产品仅面对拥有大量重型客车卡车的客户,例如公共交通运营商。这个模式中的单位商品是"使用",即行驶的公里数,但实际生产商提供的不止于此,它们提供的是一种整体化服务:轮胎磨损跟踪、根据载重调整胎压、为司机组织环保驾驶培训等。

滨海阿尔卑斯省有一家50人的企业[①],苦苦寻求在竞争中脱颖而出的方案。这家企业的业务是设计制造能够在特定空间里控温控湿的微雾系统,并负责为客户安装。该系统的原理是喷散会瞬间蒸发生成直径5微米左右的超细水珠。这种技术应用范围很广:可用于厂房或仓库的温控,超市食品保鲜等。由于可以免去冷冻和减少操控步骤,这项技术不仅有减少食物损失的优点,同时还能做到节能省水。在食物浪费成为"过街老鼠"的今天,这项技术可谓前途光明。

然而令这家企业头疼的是,人们经常将他们的技术与"喷雾"混为一谈,其实后者虽然价格更加低廉,可是效果也相

---

① 该企业名为ARECO,位于格拉斯小城(Grasse)。

应逊色。那么，既然如此，为什么不用"使用效果"取代"实物产品"作为售卖的商品？既然这项技术能够节能省水并减少食物浪费，也许就可以设计一种模式让厂家与客户分享节约红利。当然这种模式的前提是客户和厂商之间本着信息透明和相互信任的精神，开展真正的合作。现在，这家企业正是凭借这一思路，在美国市场成功站稳了脚跟。

如今 LED 灯泡被大量用于公共空间大规模照明或办公室、厂房或库房等其他空间的照明。这种被称作"只为你使用的光付费（pay per lux）"的服务之所以得到了长足发展，同样得益于上述这种"红利共享"原则。厂商负责设备投资，他们用 LED 灯泡替代旧的耗电灯泡，耗能节约十倍，此外灯泡的使用寿命还延长五倍。使用寿命的延长使客户和厂商双双受益。厂商的商业模式是售卖服务，在本案中就是售卖优化的照明服务。这项整体服务产品包含技术指导、需求诊断、管理和维护等服务，凭借其大幅度节约能耗的亮点，如今极具竞争力。

伊泽尔省艾什洛尔市的一家中小企业[①]做的是水泵、压缩机和发电机组的安装和维护。它就是因为成功地将一个外部损害（环境破坏）转化为商机，转而在竞争激烈的市场中获

---

① 该企业名为 André Cros。

取了优势。压缩空气其实是能源转换的过程,由于技术和物理原因,压缩过程中所消耗能量的90%都以热量的形式散失掉了。该企业针对这些问题向客户推出高效的整体服务产品:根据客户的特殊技术要求为其压缩空气,保证较高的机器正常运行率,并且还能收集利用相当可观的损失热能。该企业从此脱颖而出。热能损失原本是令人头疼的环境问题,现在却变成创造价值的杠杆。值得注意的是,这项创新最终能够诞生,主要得力于企业内部的新政:他们制定了很有创意的管理制度,发动全体员工和先锋客户,让大家共同参与到集体智慧创新的过程中来。

另辟蹊径搞创新,要基于对关键问题、相关方面和各方面影响拥有全局系统的分析。这些以"使用"和"价值的创造"为中心的新经济思路,也许就是让创造经济价值和消耗能量原材料二者之间松绑的机会所在。它们需要更密集的信息和更高效的劳动,它们也能带来就业机会。当然这需要满足一些先决条件。

更多更高效的合作

从上一节的案例可以看出，经济新思路的前提是在经济合作伙伴之间建立起真正的信任关系。客户与厂商之间的关系虽然本质不变，但它毕竟是不断演化的。现在双方都投入得更多，都对最终结果承担责任。很多情况下，预期目标能否实现，部分取决于客户是否积极参与协同生产。举例说，客户参与的具体方式可以是：任何新出现的情况，只要有可能产生技术支持的需要，就尽早告知厂家。这样可以使设备的维护变得更加简单，从而提高服务质量和迅捷程度。

类似 Citiz 这样的汽车共享服务平台的客户就是"协同生产"的践行者。他们会提前预约用车，这样服务商就可以优化调度。他们每次使用汽车后将所有的隐患都告知服务商，比如设备失灵或剐蹭事故，后者就能及时修理防微杜渐。还有，这类服务中，负责加满油箱的是客户。反过来，他本人也知道自己租赁的汽车随时可以上路、状态良好并且有足够的燃油。

另一个客户和供货商协作的案例是瓦尔省科伦斯镇的协作餐厅 SCOP 推出的"午间休息"产品。顾名思义，餐厅推出的是整套的午餐盒，用的都是当地的应季食材，并且尽可能选用有机食品。为了使准备的餐盒数量与需求量能够高度匹配从而避免食物浪费，客户需要通过短信或网络软件预定餐盒。可见，只需在合适的时刻提供一条信息，就能实现可观的节约，而这又能体现在餐盒的成本上。还有，这项服务使用的是协作送餐方式，这样可以减少运输次数，从而减少二氧化碳的排放。上班路上来取餐盒的客户会同时带走同一个地点、街区或作业区的客户的餐盒。这种服务的基础就是融洽的人际关系和信息共享，它不仅提供价格公道的健康饮食，还加深了客户之间的联系。

一家消费者协会[①]，依赖相互信任、相互承诺和严谨的短路径组织方式，让年轻的农民能够真正地用劳动养活自己，向客户供应价格低于超市的有机菜，并引以为荣。

一项创新要真正地带来经济效益，就必须有多元功能的设计，还要在合作方式上寻求突破。马赛的一家年轻企业[②]推出一项交通服务，即出租城市轻型两座电动车。客户使用手机软件可以对车辆进行地理定位和预约。使用完毕之后，

---

① 这里是指马赛菜篮子协会（Les Paniers Marseillais）。
② 该企业名为 TOTEM mobi。

可以将车辆停留在城区规定区域内的任何地点，也可以泊在城郊充电站充电。这项服务对客户来说方便快捷，但它却经历了繁复冗杂的商业酝酿过程。它由三个组成部分支撑，牵涉到至少六方合作。

首先，当然是付费的客户，他只需按 15 分钟 1 欧元的超低单价付费即可。不过很显然，这样的定价虽然对客户极具吸引力，但仅仅倚靠它来实现盈利是绝对不可能的。所以就有了第二个组成部分。企业看到，一辆汽车其实还是一个极佳的广告载体：一种流动广告平台。于是就向当地需要做广告的企业推销广告服务，强调这样的近距离宣传能让更多潜在客户看到广告。移动端的应用也可以同步做广告，从而扩大知名度，创造更深度的互动效果。第三个组成部分是与"省就业之家"的合作。后者观察到许多求职人员处境尴尬：他们由于没有合适的交通工具而不得不放弃应聘某些职位。的确，如果没有私家车，到工业园区或（城郊）购物中心的交通是很成问题的，如果要在公共交通停运的特殊时间段去那里就更成问题了。这家企业推出价格诱人的自助租用小型车，无疑很好地适应了这种需求。另外，这一服务要运行起来，还需要当地政府积极配合，在收费停车场开辟专用的地面停车位。后来这家企业一次性付费买断停车位，解决了客户的后顾之忧。还有充电桩的问题。一部分充电桩由雇人单位出资，算是给员工的交通补贴的一部分；还有一部分是运营商出资，算作招徕新顾客的投资。最后，一家马赛的汽车共享运营商同意让他们使用自己的移动端应用作为预约平台。这两种业务之间的合作多过竞争。正是出于这一共识，两家企业选择了合作而不是竞争。

这种交通服务的基础是复杂密集的多方合作。这种复杂关系当然不应该让客户看到，但这正是让创新商业模式成为可能的关键所在。

竞争与合作之间完全可以达到新的平衡，而且是有利的平衡。合作可以使环境和社会友好的创新具备经济上的可行性，是创造附加值的优质杠杆。

合作逐渐成为提升经济竞争力的杠杆，这应该促使我们重新思考竞争的作用、寻找合作与竞争之间的平衡。如今我们司空见惯的是，明明整个行业共同创造附加值，然而生产商、加工企业和零售商相互之间却虎视眈眈，纷纷谋求独吞最高利润。拿食品加工业来说，处于逐利游戏上游的农民挣到的利润只够解决他们的温饱并支付开支；初始加工企业也是如此，它们通常就是地方上的一些中小企业；而零售商则凭借其全国连锁的组织规模占有利润的大头。而在新经济模式下，同一条产业链中，相关产业之间就有可能去设想更加平衡多赢的关系。

新型合作关系可以是非物化的，可以建立在实物流的基础上。这其实就是"地方产业生态系统"的基本原理：变一个企业的"废"为另一个企业的"宝"。举例说，失散的热能可以被回收并通过热能网被输送出去。炼钢厂或水泥厂排放的热能可以用来为大棚、鱼塘或民居供暖。木屑、铁屑、可发酵的有机物、木灰或石膏，几乎所有的工业"废"物都有可能变为"宝"。唯一的限制是废弃物的运输距离不应过大，这就会激励企业根据相互间的互补性和潜在合力，重新选址。不过这个问题上还有一个非物质层面的决定性因素：信任。以上思路能否成功还有赖于信息流通是否顺畅，包括最机密的信息。因为提供自己的废弃物的信息，就等同于部分公开自己的生产秘诀。能量流和物质流形成的区域网络会使不同企业间形成更强的相互依赖关系，只要有一家出了问题或改换工艺，使用其废弃物的那几家就会受到影响。因此建立相互信任关系并用合同落实，是至关重要的。热力学家告诉我们，信息量越大，体系内的能量熵值就越低。稍后我们还会谈及这一点。

合作还要求另一个要素：多元化。如果同一个地域内所有企业的需求、专长和产品都雷同，那么就很有可能导致竞争关系唱主角。相反，业务专长、需求、目标越多元，就越能促成企业间的合作，有利于催生合作关系。那些"特色村镇"政策是出于扩大经济规模的考虑而出台的，它们只有在资源充足的情况下才能带来利好。然而相对减少废弃物副产品、降低能耗的战略目标而言，这些政策显然是南辕北辙。

土地规划不单单包含基础建设、修建公路或工业投资。它还要求加强能力建设和信息流通、优化企业网络结构、发挥地方资源和技术特长，以更自如地应对将要到来的变化。

在孚日圆形山顶地区自然公园，一株表现非凡的小植物的采摘带来了不容小觑的经济效益。这朵小花对生态学家来说就是生态环境的风向标，它名叫山金草，具有难得的消肿止痛等药效。可惜今天它的生存可谓"四面楚歌"。一方面制药企业对它有大量需求，巨大的采摘压力有可能导致过度采摘。另一方面，新建住房、商业中心和公路建设又施加巨大的地产压力，逐步蚕食有利于山金草生长的空间。此外农业也需要大量的空间，为改善农业生产条件而对土壤做排水处理也威胁到山金草生长的自然环境。面对如此矛盾的局面，一般人的第一反应是前景黯淡。药企需要山金草制药，采摘工按量计酬；村长、镇长要搞地产开发以提高自己村镇的房产数量，希冀由此提高财政收入；农民的生产劳动又需要排水垦荒的土壤。如何是好？

地区自然公园深谙山金草的生态和经济双重价值，他们决定召集各方。在相互听取意见和交流商议之后，大家拟出了一个解决方案。首先，对所有相关人员加强有关药草生态特征的宣传和教育，以减少对其生长环境的破坏。这一点很容易做到，也不会对经济活动造成大的影响。其次，对采摘工人进行培训，倡导更科学的采摘方法，保证植物再生长时更茂盛并保护其生长环境。但这样还不够，还需要引入一种经济机制，那就是采摘税。该税在采摘工人的薪水中抽取，全数转嫁到药企的采购价上。采摘税对药膏成品的成本影响几乎可以忽略不计，更何况此举的最终目的是为了保护药企的战略性资源。收缴的采摘税全数用于落实山金草生长环境的保护措施。经济发展和资源保护之间的对立得到了化解。地区自然公园协调促成的这个四边合作（药企、采摘工人、农民、地方议员）实质上是一种制度创新，它有效抢救了一度濒危的本地物种，并一箭双雕地保护了依赖该植物的经济行业的发展。

  新的经济模式通过合作获得经济生命。合作能让不同利益方共同发力，并控制资源的消耗。通过合作，稀缺自然资源和脆弱生态环境得到保护，经济活动也得以继续。通过合作，哪怕偏远山区都能在本地创造就业，保持村庄的活力。因此，再没有人可以说："我规模太大没法合作""我规模太小太偏没法合作""我的业务太特别，不可能有人愿意跟我合作"。合作是新经济的根本要素。而新经济充满活力、切实可行、理应鼓励，我们会在接下来的章节中慢慢勾勒它的面貌。

创新方式的创新

创新,是指在现有事物的基础上引入新事物或某种变化。创新可以是"增量式"的,例如改变汽车燃油喷嘴的设计来改善发动机的表现。它也可以是"突破式"的:就是说引入一种从未存在过的全新事物,比如移动电话。它还可以是"破坏式"(disruptive)①的,即让现有事物实现技术或观念上的飞跃,比如电话公司将语音留言服务业务全部迁往海外。关键的一点就是创新要有实用意义并能在真实世界里找到立足之地。前面我们已经看到,创新不一定是技术层面的。它也可以是非物化的,比如流程和组织方式上的创新。那为什么不能想象对创新方式本身进行创新呢?

POC21② 是在 2015 年 12 月巴黎 COP21(第 21 届联合国

---

① 有人又称之为断裂式创新(innovation de rupture)。

② POC 是英文 Proof of Concept(概念验证)的缩写。参见 http://www.poc21.cc。

气候变化公约缔约国会议）之前举办的合作项目。这个"黑客松"（hackathon）^①项目的目标是针对气候变化提出创新方案。一般都会认为，把一百名环保创客召集在一处长达一个月，这需要高效的组织。传统的做法是提前规划好一切，以免在项目进行期间发生意外。然而组织者并不是这么做的。他们看中的正是参会人员的自我组织能力。工作所需资源的动态分配由参会人员自己组织，包括水电、信息、上网必需的无线路由器、合作任务所需时间的规定、3D 打印机、木工或金属切割工具、测量工具、水、食物等。这些创客的目的就是舍弃实验室或工作室舒适丰富的条件，逼迫自己在未来使用者的简陋条件下工作。结果就是他们在资源有限的条件下，成功地找到了能让很多人一起高效合作的、有自我调节能力的灵活的工作方式。也许这就是 POC21 的最大贡献。

退一步，看看大自然是怎么做的。资源有限的时候寻求突破，用"现有条件"想办法，生物圈始终是这么过来的。生物演化从来都只以"零敲碎打"的方式想办法分配有限资源以适应多方面制约。

这些做法相比我们的技术标准而言肯定不甚完美：生物

---

① 这一说法是英语 hacking（黑客攻击）和 marathon（马拉松）的组合，意为程序开发和软件设计人员不时汇聚在一起，在有限时间内，共同研推创新方案的事件。

圈追求的是最优化而非最大化。正如古生物人类学家帕斯卡·皮克所言："要想具备演化的潜力和多元功能，其基础是简化结构。"相比性能或毛利润，复原性、可塑性、适应能力更为重要。

在产业生态系统里，物质流和能量流自我组织，平衡得以建构并不断调整力量对比。虽然有些方案在我们眼里显得不尽完美，但其实它们在应对意外变化时更加灵活。

在众多相互矛盾的制约条件下，在资源有限壁垒重重的条件下，创新就是印地语中的"JUGAAD"创新原则，其实质是"D方法"（Système D）①和低耗创新的混合体。这也许会让怀旧的美剧粉丝们想起《百战天龙》（*McGyver*）战斗精神。这部电视剧中，主人公每每化险为夷，依靠的就是自己的聪明才智和他就地取材、化腐朽为神奇的本领。阿波罗13号的宇航员凭借的也是这种能力，才能使宇宙飞船在出现多处技术故障状态下返回地球成功脱险成为可能。当我们没有无敌的技术，当程序和标准落后于现实，这时候就必须拒绝因循守旧，凭借创造力、灵敏的反应、自救能力和合作，另辟蹊径寻找突破。

---

① D是法语单词 se débrouiller（自己想法应付）的首字母，Système D 指的就是"自己想办法走出困境而不依赖他人或机构"。——译者注

资源，弥足珍贵的资源

从依赖化石能源的集中化经济模式过渡到以可再生能源为中心的分散模式，这并非易事："我们要同时面对两种相互刺激强化的问题：开采冶炼金属需要更多的能源，而要生产日益稀缺的能源又反过来需要更多的金属。"①

至少按照目前的态势来看，向可再生能源的过渡引起全球金属需求量的迅速上升，比如电池中蓄电用的锂、生产碳氢燃料发动机所需的铂，还有生产电子产品不可或缺的稀土，连硅这种从沙子中提取的元素都有了压力。

那么，从石油到金属，这难道不会是从一种枯竭到另一种匮乏吗？果真如此，那这可真是个令人沮丧的消息，因为这样一来就大大缩小了我们的行动空间。可是这样的风险的确存在：新经济模式的发展导致信息增量，这样就会需要更

---

① 菲利普·毕维（Philippe Bihouix）：《低技术时代》，瑟伊出版社（Seuil），2014年。

多的传感器和其他用于数据储存、处理和传输的设备。电子产品弥散于人们的日常环境，包围了当今世界。这一状态不仅需要解决伦理难题，而且还会因为产品设备四散的分布状态给回收利用造成更大的麻烦。更何况，姑且不论电子废料回收的操作和技术困难，首先要看到的是这些稀土和其他金属在"技术世界"有一定的停留期，而在此期间，为了满足不断增长的需求，人们仍然得不停寻找新的原材料。这对我们本来就面临的匮乏难题而言显然是雪上加霜。

那么，我们真的是不回头地走入死胡同了吗？不一定。首先，因为我们所需的创新主要在组织层面。现在技术如此发达，我们完全有能力解决能源匮乏的难题。我们不应该将希望寄托在所谓新能源上，而应该更好地利用现有资源，降低能耗。像"超级汽车"或"高环保性能建筑"等理念早在20世纪90年代甚至更早就已出现。换句话说，就像落基山研究所证明的那样，光运用30年前就普遍存在的技术，人们就完全有可能设计出耗油1升/百公里的汽车或正能耗建筑[①]。阻碍这些产品进入市场的，更多是行为或组织因素。其次，基于"获得"和"使用"的经济模式的普及会逐渐影响到我们的日用品、工业设备乃至基础设施的设计。为了提升每一

---

① 正能耗建筑指的是能够自产能量并产量大于居住者需求的建筑。

个实物产品的价值含量,也就是它们的利润率,生产厂家会改良产品的设计,以达到维护更加便利、升级空间大、使用寿命更长等目的。这些实物的零组件也会更容易拆解,最终更易于回收再生。

商品由"使用"替代实物产品之后,厂商就转而成为自己生产的实物的所有人。这样一来,实物中的每一个零件都会从"未来的废品"转身成为"可以利用的资源"。这些实物将会更加模块化,更容易升级。性能的逐步提升——如提高能效——空间更大,无须像今天一样为升级而抛弃上一代产品。

譬如我们现在看到移动电话市场上出现了新成员Fairphone 2。该产品的设计亮点在于拆卸方便、升级模块化。[1] 如果新一代感光器问世了,不再需要更换整部手机,只需要把感光模块换掉即可;如果待机时间更长的电池诞生了,只需更换电池。可以断言,未来用于共享汽车的车辆设计一定也是遵照这个原则,它们的维护将更加便利,同时可以让客户及时享受到舒适度、安全度或能效方面表现的改善,却无需将整辆汽车报废。另外,上述"低耗创新"或"灵活创新"的目标恰恰是用简单技术解决众多问题,而这些简单技术利

---

[1] 参见 http://www.fairphone.com。

用的就是容易获取和回收的资源。新风公司[①]的产品"吹风树"根本创新点在于其总体设计而非技术含量。该产品与传统的风力发电机相反,它只需微弱的风速就能运转,能够几乎不停地生产电能,这样就减少了间断性能源的储存压力。组成该产品的每一个"微型风力电机"都有自我调节功能。风扇也不同于传统风扇,后者必须使用尖端合金技术或碳纤维,前者用随手可得的材料就能制造。

明天真正的创新是对设计和使用的创新,而不是有赖高科技的创新。设计革命业已开始。

① 参见 http://www.newwind.fr。

再投资于自然资本的经济

用"自然资本"这一说法来指称自然生物圈,或者更广义地指称生物多样性的不同表现形式,听起来有点刺耳,甚至令人难以接受。因为与所有生命有机体一样,自然的价值不能片面地被等同于其实用性。"自然资本",这听上去好像是"圈地运动"——16世纪英国大农场主为了独占对土地的使用权而圈占公地——卷土重来。这里很明显隐含着一种危险:自然,这个赤贫者最后仅剩的财富,也将遭到巧取豪夺。所以"自然资本"不容曲解:它是人类的共有财富。所以它必须在全体参与的条件下,被共同管理。

但是,在严守底线、警惕可能的失控情况的前提下,用"资本"概念去看待自然的产物,会让我们获益匪浅。尤其是,这样能帮我们更好地理解经济对生态系统的依赖性,当然此处还得再强调不能否认生物及其赖以栖身的自然界的内在价值。

经济界人士熟稔再投资概念,它是任何经济活动得以长期发展的必要条件。要深刻地理解这一点,就要提到"折旧"这个关键概念:固定资产的老损导致资本总额折损,因而需要维护、维修或更新。折旧的法语是"amortissement","a-mort-issement①",词源上的意思就是"不让死去"。换句话说要维护保持其状态。折旧方面的投资不可节省,因为如果不这么做就等于在欺骗股东,隐瞒企业创造的价值的实际水平。

折旧方面的再投资,其对象不仅限于机器或厂房等物质资本。非物质资本以人为基础,包括员工的能力、正式和非正式的知识、信任或声誉,它同样需要维护。成功的企业都会通过培训对员工的能力做再投资,都会不惜重金去维护员工的声誉。当然,"资本"这个词和"自然"一样,在这里也是为论述方便而具有特定意义。企业从自身恒久发展的目的出发,当然需要管理和保持员工的能力并使其得以提升,但无论如何企业都不是员工能力的所有者,因此无权对其进行售卖,更不能肆意破坏。

之所以有"自然资本"这个概念,是因为任何经济活动,都直接或间接地需要从生态系统中提取原材料或能源并加工。建筑材料、食物、石油、天然气、煤炭、水,所有这些

---

① a:否定前缀;mort:死亡;-issement 名词后缀。——译者注

的本源都是自然运转带来的当代产物或化石。自然资本也意指全部"生态服务功能",这些功能包括"生产""调节"和"支持",具体表现为有机物的合成和回收、气候调节以及大气、土壤和海洋的化学组成等。

　　管理自然资本,就是要求充分考量生态系统恶化会导致财富的减损,考量到经济活动在不停使用消耗提取自然生态系统的资源。要想将这一资本保持在一个充足的水平上或使之得到提高,就必须做再投资。否则,支持创造财富的自然基石就会遭到破坏,随后遭到打击的就是未来的经济和就业。

　　然而,时至今日,强制性的、结构明确的系统性自然资本再投资机制尚未出世,成为可持续发展这一概念的瓶颈。但有经验表明对自然的再投资完全可以实现,并且大有裨益。改变一个地方的经济布局能为生态系统的功能网络提供铺展的可能,必要时修复生态系统中受损最严重的部分,这些就是对自然资本的再投资。增强土壤的渗水性、在城市中重新开辟绿地空间,以缓解城市热岛效应,更有效地处理雨水、更好地防范阶段性强降雨的潜在隐患,这都是自然资本再投资,是每个人的生活环境的改善。这就是气候变化及其后果的应对行动中所说的"基于自然的解决方案"[1]。

---

　　[1] INSPIRE 研究所承担的"La Macotte"项目就是其中一例。

对自然资本再投资，也意味着普及农业生产的新模式，如农业生态或永续农业，这些模式都注重维护土壤质量及其碳固定能力。这还意味着给所谓"普通"的多样生物重新开辟空间，这样瓢虫、甲虫或各种传粉昆虫等农业好帮手就会获得新的生长空间。"双重绿色"新农业革命正在涌现，这将会是自然资本再投资的有力杠杆。

自然资本再投资还包括大规模修复对居民生活质量至关重要却严重受损的自然空间。湿地、易遭淹没的草地、河岸带植被一旦得到修复，人们就能重新获得地下水和高质量的土地，同时又能抵御极端降雨量的威胁。卡茨基尔山脉——纽约的淡水宝库的经典案例就一再被研究借鉴。那里的自然环境得到修复和良好的管理，因而节省了一大笔水处理的资金投入。德国埃姆歇河虽然名气稍小，其治理经验却也具有至少同样水平的借鉴意义。四十年前，这条源于鲁尔山谷的河流是个名副其实的露天污水池，是德国污染重区。这条臭气冲天的脏河严重威胁到人们的健康，直到20世纪上半叶当地还霍乱肆虐。然而，经过30年的治理和45亿欧元的投入（其中一小部分用于生态修复，大部分用于疏通航道等基础设施建设）后，这个地区魅力重现，吸引了当地居民、游客和投资者。德国埃姆歇河的修复是迄今为止欧洲最大规模的城市、生态和景观修复工程。它告诉我们，生物多样性，只要给它空间和时间，就会重放光芒，造福于所有人。

就业问题

看得出来，新经济尚处萌芽阶段却已活跃非凡。它能够创造价值，节约自然资源，修复自然资本。但它究竟能否创造就业呢？

现在汽车可以分享了，手机的使用寿命延长，产品升级易如反掌，建筑拆除后的回收材料可以循环使用。如果因为这些原因而减少汽车、手机、电脑的产量，减少建材的开采量，那么可以断言，建材业或制造业将会出现大量失业现象。

然而事情并非如此简单。新兴的生产和经济模式有自身的特点，它们高度运用信息，从而降低了能源和原材料的使用量。旧经济模式的重点在于通过规模化生产降低生产成本，新模式却以服务为关键词，它重视为客户提供增值服务。从前者向后者过渡，就意味着生产效率的提高将主要通过节约能源和耗材而实现，而不再一味压榨劳动。传统上，安装、维护、培训、合同终止管理、维修和大修被统称为售后服务，而所有这些在产品服务化的经营模式中将占据中心地位。因为让企业一决高下的正是这些服务。为了保证上门服务的速度，降低交通成本，企业会尽量将服务点设立在毗邻客户的地点。这样一来，在就业从生产岗向服务岗转移的同时，还蕴含就业回迁的潜能。尽管目前还很难算清消失和新增（或回迁）的就业岗位数量差额的正负，但它毫无疑问会对各种职业和专业技能造成巨大冲击，必须要"未雨绸缪"。目前正在发生的"去工业化"进程实质不过是工业生产活动——及其相关联的环境污染——向地球其他地区的转移。新经济模式的普及则不然。它并不一定意味着去实体化或去工业化。由于产品使用寿命延长、使用率提高，一个"服务产品"的成本中包含的生产成本会相应减少。鉴于每个实体产品都会带来更多的服务产品，那么其生产成本在服务产品的成本中所占比例就会下降。此外，随着迅速的反应和个性化的服务成为竞争的焦点，为了更好地掌控市场、提供更快更优质的服务，企业都会积极地将生产活动回迁。这样一来，这一模式除了创造服务岗之外，还会带回生产岗位。

当然，这里还需要避免一个已经引起众多误解的陷阱。如果仅仅是要通过提高设备使用率来减少经济中实体产品的生产，那么只需要让更多的使用者共享这些设备就够了。但如果实体产品生产减量的后果得不到补偿，那就会摧毁就业和产品的经济价值。若要使这种模式带来生态、经济和社会的多重积极效应，物化生产的强度减弱还需与非物化附加值的提高相配合。

与他人共享汽车，在汽车闲置时将其租给他人或在行驶中增加乘客人数，这些做法都比较环保，因为每辆车或每次出行都可以运载更多的乘客。问题在于，在拼车比坐火车更加经济实惠的今天，人们真的会纷纷放弃火车而填满一辆辆的私家车。这样一来，从环保的角度看，我们很怀疑这最终是否是真正的进步。但关键还不在这儿，而是共享价值和创造价值之间有着根本的区别。借助网络平台为拼车服务的使用者牵线搭桥，这纵然能创造几个就业机会，但这与汽车制造业内所发生的失业规模根本无法相提并论。"共享型经济"和"经济的共享"二者相去甚远。前者创造价值和就业，以创新和合作的方式满足需求，而后者只是换一种方式来分配现有的价值，而且更多的是将价值集中在几个中介平台手里。前者有利于新的协作模式诞生，后者只是使竞争激化，遵从弱肉强食的规律，只要资本实力足够雄厚，就能大肆造势，聘请法律顾问和说客。

再看另一个例子。要推行地方产业生态，即将甲的废弃物变为乙的资源，就意味着开展废料回收、分类和中间环节处理等业务。而这些业务要想有所盈利，就必须选址在"宝藏"附近，也就是说在工业企业附近。这就再次让我们看到保留就业机会的潜力，因为这让不削减工资支出而降低生产成本这一目标从技术上有了实现的可能，而且这些中间环节业务的开发必然会创造新的就业。当今工业遭到危机重创，很难确切说出由上述方式保留或新创的就业岗位的数量，但目前已有学者对一些具体案例做了量化研究。在加拿大城市哈利法克斯，工业生态链创造的就业占到工业就业的5%~10%。这个比例看似不高，但它事实上已经接近于当今西欧和北美的工业领域撤资所引起的大规模失业数量。

我们当然不能自欺欺人，部分经济领域乃至部分行业中肯定会有就业萎缩，但也会有回升，原因前文已经解释过。很多行业都会经历蜕变，需要有适合的培训和真正有前瞻性的就业和人才管理才能平稳过渡。最后，新型岗位也会诞生。这首先会发生在旧行业里，因为往日对劳动生产力的一味追求会让位于原材料或能源的生产力提高。其次在我们现在尚无从想象的未知行业中必然也会出现新岗位。在数字革命或更早的众多产品生产自动化变革年代，都发生过类似变迁。每次经济转型都一样，思考都要着眼于总量。拿令人无可辩驳的就业问题这个尚方宝剑去反对变迁，这个理由的确很好用，但它却很危险。马蹄铁匠们在汽车时代到来后命运如何？黑白电影中常见的电话接线员在自动交换机出现后呢？在同情激动之余，我们必须从全局出发，解读正在发生的变革，将视野拓宽到总体的影响，这样才能看清最终利弊关系，看到质变，才有能力去设计部署必要的辅助过渡措施。

要证明未来有多么不可预知，只需要回想二十年前，"生态工程"一词根本都不存在，而今天，这个领域却为法国创造了成千上万个就业机会。根据环境部的官方数据，法国有2.2万人的工作与自然界和生物多样性的认知、管理、保护或修复直接有关。据 PLOS-ONE 期刊公布的数据，在美国，仅生态环境修复这一个领域就提供了12.6万个直接相关就业岗位。这个数据直逼美国近年来因自动化的发展和全球化竞争而不停萎缩的汽车工业尚存的18万个就业岗位。与自然界打交道就意味着必然会创造既无法外迁也无法被机器替代的就业岗位。在这个领域，法规明确规定对自然资源的再投资下限，其具体形式可以是生态补偿或生态服务维护报酬等，这样就一定会吸收很多就业。

再来说一说那个永远让人无法辩驳的就业至上论。媒体、政治领导人和舆情历来都被最抓眼球的"重磅新闻"牵着走，殊不知这些事情的影响并不如那些更隐秘分散的现象。大型事故造成的污染，比如经常登头条的"黑海潮"，就是很典型的例子。其实船舶在海上的泄漏、野蛮排油排气等现象更为分散也更普遍。这些现象造成的环境污染累积起来的影响要严重得多。但除了屈指可数的专家之外，这些问题从来无人问津，就业机会的流失也是如此。一家大型工厂削减一千个工作岗位一定会备受关注，并造成完全能够理解的民众情绪波动。但是，如果同样的失业数量发生在微型企业、手工艺作坊、农业领域或店铺商家那里，却一定不会引起人们的注意。"就业要挟"将保护工厂的生存和执行环保法规对立起来（其实工厂倒闭的威胁也有可能有其他原因），是一种惯用的伎俩。面对环保标准的执行压力、扰民投诉、污染投诉，五百个就业机会的确是一个很好的筹码。省长和地方议员都会迅速表态，反对那些所谓教条主义的环保人士，或指出太过严苛的法规会影响到企业的竞争力。但污染或是消费者和游客心中的负面形象也会对农业或旅游业就业造成威胁，这点他们却从来不会关心。然而恰恰就是这些分散在大量小企业中的工作岗位总和更高。最近有一个高度曝光案例，地处加尔达纳①的一家工厂将废水排入卡郎格峡湾国家公园。工厂当然用竞争力做说辞，强调如果严格执行环保规定就会削弱竞争力，威胁到450个直接就业岗位。国家峡湾公园则指出污染威胁到旅游、渔业和农业领域的1200份工作。最高判决到目前还是听取了工厂的诉求。关键不应该是在450个工业岗位和1200个旅游和渔业岗位之间做出选择，而是找到技术和流程层面的替代方案，保护所有的就业机会。也就是说，既让企业保持其竞争力，又能终止向地中海排放废水，由此保护独一无二、生物多样性卓越超群的自然环境。

在未来几年里，新经济模式和生产模式对就业、行业和

---

① 加尔达纳位于法国普罗旺斯—阿尔卑斯—蓝色海岸大区（PACA）罗讷河口省的工业城市。——译者注

人才会产生决定性的冲击。帮助薪资人员实现能力升级不可避免。除却这些变化，还会出现工业回巢和新就业机会的希望。当然这一切有必要的前提：要对所有的影响进行全面考量，尤其是充分考虑对社会和环境的破坏，并就地处理解决而不是转移到尽可能远的地方，眼不见为净。要想让这些经济变革带来真正的宏观经济和生态上的积极影响，就必须改变思维的格局。要让成长中的森林的声音盖过某一棵大树倒地时的巨大声响，就得让这些昭示新工业经济革命到来的微弱信号掀起"惊涛骇浪"。

2

正在发生的变化
真正本质

这些人相互间未曾谋面，他们在世界不同角落进行着这些大胆的创新和尝试。怎样才能让这些星火燎起全球烈焰？他们用新视角去诠释什么是创造价值、开启新的合作方式，他们用更系统的方式去创新、用新的思路去分析资源和就业问题，所有这些新思潮怎样才能高效有力地助力明日经济的崛起呢？一幅马赛克拼画，唯有当欣赏的人后退足够的距离看到全景时，才会发现其真实意境。同样，我们也需要有足够的距离才能看懂正在发生的这些变化。要有历史距离，还要有理论上的距离。历史的遗产是什么？亘古不灭的根本原理是什么？面临的挑战是什么，又该如何切实应对？我们需要用跨学科的眼光，戴上历史学家、物理学家、生物分类学家、经济学家和生物学家的眼镜。我们的世界是有生命的世界，其中万物相互依存、运动不息。对于懂得观察和诠释的人而言，这世界就是绝妙的灵感源泉。

当人类的历史遇上生命的历史

我们的历史始于何时？需要追溯到什么时代才能看懂今天的世事？

生命体的历史始于 38 亿年以前。或许更长，或许稍短。不管怎样，这是一段漫长的历史，几乎和拥有 45.5 亿年生命的地球一样长。这段历史，也是人类的历史。我们与地球上所有的生命拥有共同的祖先①。

人类在生命史中不过是沧海一粟，而生命史却远非一条静静流淌的长河。它千回百转，见证了一段又一段的相对稳定的漫长时期相互更迭，其中不乏"危机"，即我们所说的"物种大灭绝危机"。最著名的就是 6500 万年以前给恐龙带来灭顶之灾的那次，不过那次危机倒也为哺乳动物迅速繁衍和种群分化创造了有利条件，为千百万年后双足猿的出现做好了

---

① 进化论专家将之命名为"露卡"（LUCA），意为"最后的共同祖先"。

准备。猿类毛发稀少，毫无凶猛之处，也不见其身手敏捷，谁都料想不到有一天它会有所作为。

历史发展到今天，生物种类繁多到了令人难以置信的程度，体型大小无奇不有。小到仅长几纳米、重几微微克，大到长30米、重170吨。此外生物的身体构造和形状也是千奇百怪。正因有这样的多样性，生物圈——我们的世界——才如此富饶多姿。正是得益于这样的多样性，生命才能征服所有陆地和每一个可以栖身的空间：从天寒地冻的冰川到烈日炙人的沙漠，从深不见底的海沟到平流层边际，从黄石公园热浪翻滚的热喷泉到肯特郡绿茵连绵的山谷[①]。地球遭遇了五次生物大灭绝危机，经历了无数变迁，或平缓渐进，或猛烈悲怆，这些都已镌刻在今天我们的山脉岩层和悬崖峭壁上。虽如此，生命却依然因其多样性繁衍不息。也正是得益于这样的多样性——生物多样性，人类找到了自身物种绽放和文化、科学、文明得以腾飞的有利条件。

生物多样性，究竟有多少物种？生物圈到底有多少物种，不得而知。1500万？也许。这是引用频率较高的数据的中间值。有些作者认为有900万，有些人却说2500万，还有人甚至大胆提出一亿乃至更多。能够确定的是，已被描述分类的

[①] 查尔斯·达尔文正是在肯特郡的乡村居所 Down House 进行了长期的思索研究，等到想法成熟后撰写下皇皇巨著。

仅180万种。而且所有这些数据只包括多细胞生物：动物、植物、真菌，仅占到生物的一部分。其实无论从基因、生物量还是个体总数来说，微生物才是生命界的最主要组成部分，过去是，现在也是。它们是吸收碳和其他营养物质，制造氧气的主要部分，为其他物种（包括人类）的生存创造有利条件，维持着生物圈"机器"的运转。远看，我们是生活在细菌和古菌①的星球上。近观其实也是，我们自己的躯壳所栖养的非人体细胞数量远在人体细胞数量的十倍以上，因为我们收留了尚未全部了解的重达两公斤左右的细菌和其他微生物，没有它们我们根本无法实现消化、呼吸或抵御侵袭等功能。

我们以为自己是独立的个体，其实我们根本既是像地衣那样的共生体，又是热带雨林般的生态系统。

面对生命如此浩瀚庞大、深不可测的多样性，我们不由得感到阵阵晕眩。当然您完全有权嗤之以鼻。的确，深受日常琐事困扰的人会说"与我何干？"这些与我的生活有什么关系？与我们的烦恼、我们的经济问题、政治危机、咆哮不休的战争、蠢蠢欲动的混沌又有什么关系？

关系，就在下面的问题中：进化的车轮飞转，我们与我们之外的生命世界之间的关系如何？我们的活动与生物圈的

---

① 古菌（法语原文 les archées）是简单的单细胞生物，像细菌一样没有细胞核。

运转关系如何？关系，就在于我们的经济活动对生物圈造成了影响，就是我们突然触碰到了生物圈的底线。

还要提到另一段历史，始于昨天的历史，就是说才不到8000年。这对地球生命史来说，不过是须臾而逝，浮云一片。新石器时代，我们的祖先决定改造自然让其适应于人类的需要。从农业的"发明"开始，这种努力一直在延续，并在150年前工业革命发生后上了一个新台阶，因为那时人类的一部分做出了"火的选择"（Le Choix du feu）①，确切地讲是"化石"之火。首先用煤炭，继而是石油、天然气，最后是铀。深埋地腹的潜在火焰千百万年来等待着被点燃的那一刻。对火的选择随即带来的就是化石能源的普及。藏量丰富的新能源为人们创造了条件，使人们能够大规模利用铁元素和其他提取自地壳的能源。

那是场革命吗？是的。尽管仅限于工业范围，但它是一场名副其实的革命。在此之前，人类一直都在使用与自己"同龄"的资源：木材、植物纤维、泥炭、牛角、动物骨骼、皮毛。当然，有些资源的使用年代已久：硅、最早的工具之一燧石、黏土、青铜、铁、黄铜还有一些其他金属。但使用的量极微小，相比今天工业量级几乎可以忽略不计。但必须承认，当

---

① 此处借用阿兰·格拉（Alain Gras）的同名著作题目，法雅出版社（Fayard），2017年。

代人类技术世界的主角碳和硅早在史前最远古的文明中就被使用,如阿舍利时期、莫斯特时期、奥瑞纳时期、马格德林时期,这似乎是历史向我们发出的意味深长的会心一笑。先人用过的工具有一部分流传至今,如用燧石磨削制成的两面利器、尖头工具、刮器、刀片。他们使用的几乎纯净的硅,和今天用在电脑微处理器中所使用的硅一样。至于碳,一百多万年以前先人燃烧过的火塘中有碳,肖维、拉斯科、科斯奎等洞穴壁画上也有碳。正是依靠碳,确切地说是同位素碳14,我们才能准确计算出绘制洞穴壁画和使用塘火的年代。不同的是,这里的碳和使用它的人们属于"同一时代",它们是祖先捡回来烧火的枯枝,并不是我们今天从地下大量提取用于发动机和锅炉的化石碳。

19世纪中叶,煤炭、铁路、电报相结合,推动了工业革命在英国的蓬勃发展,可谓人类历史的转折点,也是人类与生命世界其他部分之间的断裂点。因为从那时起,我们的经济与生命界不再同步。随着化石资源、能源和矿藏的枯竭,这样的时间差早晚必然会走向终结,究竟是以暴力还是和谐的方式,不得而知。这就是我们必须做好准备去迎接的未来。

工业革命及其遗产

1840年的英国，工业革命方兴未艾。供我们使用的"自然资本"极其丰富：煤炭刚刚开始被用来取代泥炭和木炭。石油的历史还十分短暂：在那之前不久，泛着天然油光的土地还一文不值，因为无法用于农业种植或用作畜牧业牧场。当时石油仅有的用途是用沥青填捻船缝、给搬运车润滑轮轴，偶尔也有人用它来点油灯照明，但它燃烧时有浓黑烟炱，名声不佳。当时很容易找到铁矿和其他金属矿，矿藏含量丰富。比如铝，铝是小批量生产的，并且专门用于上流社会：拿破仑三世接待身份高贵的宾客时，用的是铝制餐具，而非银制餐具。那时欧洲大片的土地覆盖着连绵不绝的茂密森林，尽管伐木——为了获取盖房、造船的建材或燃料——对森林造成的破坏已经开始显露。西欧和北美的土壤由于躲过了深度开垦压陷和风吹雨淋，土质肥沃厚实，可惜多年以后20世纪二三十年代连续肆虐的沙尘暴（Dust bowl[①]）为这种美好景象画上了句号。所有的自然资源，不管是有生命的还是化石，都经历了同样的命运。当时最杰出的科学头脑之一、达尔文的挚友托马斯·亨利·赫胥黎居然信誓旦旦地断言广阔海洋里的鱼类多到人类永远取之不竭[②]。1884年的渔船是用笨重的木材建造的，速度缓慢，行动迟钝，麻纤维制成的渔网需要频繁修补。远洋捕鱼作业也是危险重重。鱼类能活在那样的条件下，真可谓是"三生有幸"！

19世纪初世界人口第一次达到10亿。10亿人，依赖有限的技术手段提取开发自然资源。在1840年那个时代，除了寥寥无几的几位走在时代之前的有识之士敲响警钟，在大多数人的意识里，自然资源枯竭或哪怕是过度开采的问题，根本就不存在。

在1840年，"稀缺"的是可供使用的知识、专业技能和劳动能力。那时并非所有的儿童都上学，就算上学时间也不会很长。农业产品剩余甚少，劳动力中很大一部分都得忙于农田耕作。

[①] Dust bowl，字面意思"尘土重灾区"，指的是美国中西部连年干旱导致土壤受到严重破坏后，随即而来的灾难性沙尘暴肆虐期。这种现象在20世纪30年代发展到顶峰，催生了一系列预防性法规措施。

[②] "鳕鱼、鲱鱼、沙丁鱼、鲭鱼以及几乎所有的海洋鱼类都是捕之不竭的资源；人类做什么都不会对鱼类的数量造成实质性影响。"参见托马斯·亨利·赫胥黎，1884年。

于是，为了发展经济，工程师、技术人员和投资者开始想方设法用丰富资源去补偿稀缺资源——劳动力——以提高生产力。这就是为什么先后用水力和蒸汽也就是煤炭做动力的机械化得到飞速发展的原因。同时期发展起来的还有标准化生产、自动化生产以及生产链不断延伸的规模经济。要加快生产速度、不断提速、不断增量，才能满足远未饱和的市场的胃口。要尽可能地降低成本，这样才能保证投资得到回报，因为所有这些都需要有大笔的资金投入。一切都是为了防止速度减缓和节奏受限：即克服人自身的限制。他们获得了多么巨大的成功！从1750年到1820年，化石能源的使用尚未普及，劳动生产力就已经增长了200倍。

如日中天的工业并未止步于此。对更高生产力的追逐还在继续，并随着二战后光荣三十年时代[①]发生的第二次工业革命和后来的数字革命变本加厉。今天，服务行业也加入了逐利大军。

工业革命，是高资本经济的逐步崛起，它对能量和原材料的胃口越来越大，在创造就业方面的节奏和强度却在减弱。在一个几乎全新的市场中，经济腾飞了，却并未能够带来同样迅猛的就业增长。

---

① 光荣三十年时代指的是法国制造"极为耀眼的时代"。

再回到 21 世纪，很容易就能发现，人类的经济依然囿于第一次工业革命根本思路。虽然我们现在已经看不见大企业的身影了，但它们依然存在，依然是经济的动力来源，或者说比以往更甚。它们只不过是被外迁到了其他国家，那里的人工没有那么昂贵，那里的企业对健康和环境造成了灾难性破坏，但富裕国家的消费者却看不见这些①。股东们关心的依然还是包括服务业在内的劳动生产力的提高，这当然也就顺理成章地成了为他们效劳的工程师和管理人员的工作重点。经济效益的决定性因素依然是通过任务的标准化和自动化降低成本提高产量的能力。

然而，今天的情况不可同日而语。在经济层面上，我们的时代区别于过去几个世纪的特点是"稀缺资源倒置"。

从化石能源和矿藏一直到从生命体中提取的原材料，无一例外，少说也应该引起我们的担忧。最乐观的人会说"石油产能峰值"就在眼前，而悲观者则认为早已达到该值，石油年产量已达到其最大值，未来开采的石油量不会比今天更多。也就是说，未来几十年里，石油生产将经历一定时间的无序混乱的"水平段"，期间产量会不断发生微型震荡，随即

---

① 正如生态设计师亚尼克·勒·吉内所说的，当您手持一部中国制造的智能手机，您是幸运的。因为我们进口的仅仅是产品，污染却留在了中国。

转入逐步下行的曲线。这样就会引起石油成本的机械性上升。但石油仅是其中之一。根据美国地质勘探局的数据，按照现在的消耗量计算，世界铁矿存储量还够用80年，不到四代人的时间，而且这一预测已经将目前已到达的高回收率（钢铁回收率达到80%）纳入计算。该局数据还显示，生产移动电话、电脑、太阳能光伏板和电池的必要金属元素，以稀土为例，按照现有的消耗节奏计算，其已知的全球存储量仅够使用20年。"按照现有的消耗量"这几个字有必要说明一下。其实这里指的是一种假设，即未来的资源消耗增长为零，或其增长带来的影响彻底被生产力的提高抵消，只有在这样的条件下，上述预计才站得住脚。可是根据以往的轨迹来看，这样的假设少说也是乐观的，或者说是彻底的不现实，更何况世界人口还在不停增长。因此资源枯竭问题并非杞人忧天，也不是遥远的未来才需要关心的事。竭力以"生意照旧"的模式维持现状而无视它，是极度危险的不负责行为。

有人会反驳说，资源特别是金属并不会消失，因为它们只是被工业从原矿改变为成品，是可以回收再生的。且不去强调再生的局限性，这个我们会回过头来讨论，先明确一点，资源原本集中在地下矿层中，现在却是四散分布各处。要想让它们重新变得可利用，就需要回收并再集中，这本身就是个复杂的过程，会大量消耗资金和能源。现代工业经济并非有些书上写的那样呈线型，它是一种被"分散、吹飞、碾碎、炸裂……①"的经济。

所谓的"可再生"资源也一样,当开采速度高过再生速度,枯竭的命运就在劫难逃。我们眼前发生的是对活着的事物的"矿产式开采"。人们并未吸取发生在圣劳伦斯海湾的鳕鱼崩塌式减产的教训,如今众多大型渔场面临枯竭。还有土壤这个没人会想起来的资源,土壤决定我们是否有能力生产足够的粮食去养活全人类,而人口学家早已明确告知我们,到2050年人口总数将达到90亿。土壤遭受的人为破坏、透水能力丧失、水土流失,这一切都失控般疯狂继续。再加上生态系统和生物多样性遭到破坏,它们直接或间接为人类提供所需食物和服务的能力也随之遭到削弱。然而,生活在这个世界上之所以是一件愉快的事,不正是因为有这些食物和服务吗?至少对最幸运的那部分人而言是如此。

丰富的资源成就了工业革命和此后一个世纪发生的"绿色革命",现在这已经成为回忆。不过,从另一角度来看,我们拥有的"非物质资本"却前所未有的丰富,哪怕在最疯狂的梦里,其程度也是工业革命家们无法想象的。

非物质资本是一个半世纪的现代科学创造的知识,是工农业企业主和工程师积累的经验,是理论与实践的结合,是

---

① 此处借用电影《亡命的老舅们》中拉乌尔的台词。

信息和专业的建构，这在历史上前无古人。非物质资本不仅以数量取胜，其质量更令人叹为观止：互联网和信息技术使合作有了新的可能。还有，我们对生命界的了解虽然远未完整，却也足以让我们通向最浩瀚的知识宝库：生命有机体38亿年的演化史所积累的知识。

然而，这些可使用的非物质资本和能力的价值被大大低估，这一点从各国的失业统计数据就能窥见一斑。价值低估还有一个结果就是很多人的才能被埋没，就是说他们的职位所需的学历水平低于他们实际的能力。非物质资本价值被低估，自然资本遭到过度开发，这是经济现有"软件"的直接后果。这个"软件"是第一次工业革命的遗产，它专注于获取投资的高回报，其关注中心就是提高劳动生产力。由于能源和原材料成本相对低廉，因此通过此二者去提高生产力的做法不会引起人们的兴趣。

通过劳动来提高生产力，这种思路在1850年完全合乎逻辑，但今天已是21世纪之初，人类并非完全没有理由去想一下是不是应该继续这种思路。难道不应该让经济减少对日益稀缺的物质资源的消耗？难道不应该让经济创造更多的劳动机会，更多利用知识？要知道非物质资源已经极为丰富了。

工业革命的另一个结果是人类的活动与生物圈的时间差。您只消环顾四周，就可以感受到这一点。您很有可能身处某一座楼宇的某一个房间，墙体用水泥浇灌而成，或者用石材砌成。要不就是在火车上，而火车则是用钢铁建造起来的。您为了阅读打开灯，如果您是在法国，那么为您照明的电能中有70%来自核能。让火车和地铁奔跑在轨道上的能源和为您带来阅读所需的灯光的能源是同一种。剩下的30%中，很大一部分来自天然气的燃烧，还有煤炭。我当然没提到，为了有舒适的室温从而避免戴手套翻书，您家壁挂炉中燃烧着石油或天然气。但有必要提醒的是，您身边所有的这些事物，无一例外，都需要使用大量的能源，用于原料提取、产品制造和运输。我们称之为能源足迹或"隐含能源"。

工业革命之后的经济繁荣依赖的是早在几亿甚至上兆年之前就已消失的生态系统的活动。石油、煤炭、天然气是石炭纪生态系统的产物，那是约3.6亿年前的地质时代。在终止于6500万年前侏罗纪和白垩纪，不计其数的动物骨骼和构成浮游生物的微植物沉降在海洋深处，累积形成了沉积岩，是今天我们从中提取大理石、石材以及制造混凝土必需的材料。

像铁和铀那样的矿藏，也是光合作用出现后氧化还原和降雨反应的结果。而光合作用的出现年代，读者当中应该不会有人经历过，因为年龄低于20亿年的任何生物都没能有幸经历那个年代。

我们每天从远古历史中开采资源，而且使用这些资源的经济活动的节奏与大自然制造资源的节奏完全不可相提并论。一个简单的数学运算告诉我们,每一年世界经济平均使用资源的数量相当于自然用 100 万年制造的资源。化石能源枯竭近在眼前,我们的经济将会越来越依赖"同龄"生物圈所制造的资源。因此,我们需要找到一些方法,让经济流的量与生物流的量步调一致,或者换句话说,找到可行的经济模式,不再需要自然像以往 160 年那样地慷慨赠送,给予大量"补贴"。

重温基本原理：支配一切的规律

回顾历史很有必要，这样我们就能了解这些变化发生的背景。那么接下来，我们还需要理解它们遵循什么样的规律。

首先要理解的要点是热力学定律。这一点根本躲不开。热力学的应用范围很广，从天体物理到经济学，还包括生态学。构成生命体的细胞、生命体本身、生命体构成的组织、蚂蚁窝或马蜂窝、企业、地方政府、国家，无一不受到热力学定律的支配。

这些定律可以总结成两条原则。

第一条原则是能量守恒原则。拉瓦锡[①]说过"无所失，无所得，一切都在转化之中"。此言同样适用于能量。能量从一种状态转变到另一种状态（比如势能、动能或热量），从一种系统到另一种系统（比如在光合作用下从阳光到植物，再从

[①] 安托万·拉瓦锡（Antoine Lavoisier），18世纪法国著名化学家，被后世尊为"近代化学之父"。——译者注

植物到食草动物身上）。但我们无法创造能量，也不能使其消失。不过，在第二条原则中我们会见到，能量可以从一种"可供使用"的、方便利用的状态，转变到一种弥漫、分散、使用起来难度更大甚至无法使用的状态。

第二条原则是熵，也就是能量减弱是不可逆的。不管是什么方式，能量一旦被使用，都会让它从势能巨大、高度集中的状态转变到减弱分散的状态。举例而言，如果您在两米高的地方放开手中的球，它的势能会转变成动能，动能的其中一部分又会在球体触地的那一刹那以热量的形式（尽管温差极其细微）失散。这就是为什么球体像我们知道的那样，永远不会反弹到原先的高度，我们都知道这一点。这就是能量不可逆的减弱过程，也称作"熵"。能量就像时间于我们可怜的凡人，时间之箭从来都一去不复返。永恒的运动是不存在的，令人遗憾但只能如此。

其次需要牢记的要点是复杂性，它是系统学的研究对象。系统学是研究各元素之间以及元素与环境之间关系的科学。一旦有两个元素开始互动，系统就产生了。一般来讲，这个系统不会孤立存在，它自身就与环境有互动，而环境本身又由有互动关系的其他系统构成。开始的时候很简单，但等到互动的元素数量增加，这些元素间的互动数量也增加，情况就会变得十分有意思。这时就进入了复杂性场域。这里面会发生不可思议的事情,比如新特性的涌现。系统学可以应用于所有系统:从亚原子微粒到整个宇宙,当然也包括我们生活中更熟悉的事物。生态学,说到底是系统学的一个分支,因为这门科学研究的就是生命体相互之间以及它们和环境之间的关系。系统学也被应用于机械、经济学、社会学和管理等等。其实,它适用于我们的日常生活和所有与我们相关的事物[1]。

根据系统与外界的交流类型,系统可分为不同种类。大部分系统属于"开放型"(Systèmes ouverts):它们与外界交换能量和物质,偶尔也交换信息。人体、城市、企业、自然生态系统或菌群都属于这一类系统。有一些系统属"封闭型"(Systèmes clos),与外界没有任何交换。这种情况基本存在于理论层面。也许宇宙可以归到这一类中,但也不一定,还得看情况。最后还有所谓的"孤立型"(Systèmes fermés)[2]系统,它们与外界没有物质的交换,但能够接收、发射能量或

---

[1] 不过,您还想得起来系统学课吗?也许不能,除非您在理工科领域深造(或学了心理学)。系统学和复杂性也许是理解现代世界的关键。所以,其实应该从小学开始就逐渐向所有学生教授系统学和心理学这两门课。但我们看到的却是,今天只有极少的成年人,他们到了有决定、选择和选举能力的年龄,有可能影响世界前进的方向时,才对此有所了解。

[2] 另有一种说法是"isolé"(孤立型)。

信息。地球就属于最后这一种。除去来自宇宙空间的几粒"星尘"和陨石之外，地球与外界不发生任何物质交换。不过，处于太阳辐射下的地球始终接收源源不断的能量流。它也以红外线的形式向外界发射能量。它接收并吸纳的能量和它向外发射的能量之间形成一种平衡，正是这种平衡使生命成为可能[①]。

要在一个孤立系统中生活，并持续地绽放生命，这需要遵守一些规则——下文会专门花时间来探讨这些规则。眼前我们需要记住的是，生物圈内，相互联系的生态系统中的生命体构成一个复杂的共同体，到目前为止它运行良好。它似乎找到了与这些规则相契合的妥协之策。

在进一步深入讨论之前，最后一个需要说明的要点——也许也是最重要的概念——"涌现"。"涌现"是复杂性的必然结果，是指物质即生命的每一级组织层面都会出现新的属性。举一个简单的例子，水的成分是氢和氧，独立看这两个成分，我们根本无法预测水的属性。"涌现"原则指的就是"整体大于部分之和"。一个有生命的细胞远不只是构成它的氨基酸、脂肪和多糖的总和。一个多细胞生物远不只是细胞或器

---

① 反照率和大气温室效应结合在一起的作用是将地球表面的温度保持在15℃左右，保证地球上能够有生命不可或缺的液态水。

官的叠加。生态系统是不计其数的生命体互动的结果，因此远不只是组织的简单叠加。在系统学里，关系、联系与个体同样重要。正应了诗人程抱一的珠玑之言："生命之间发生的事情与生命本身一样重要。""涌现"概念同样适用于人类群体：一个群体的潜在力量大于群体中每个个体力量的总和。这就是被称为"集体智慧"的东西。要达到这样的效果，就需要有游戏规则，有一套方法和技术。这在企业里就体现为管理。不同的做法会产生不同的效果。更大规模的集体，比如一个地方政府或一个国家，可以借助制度和一个适合的治理方法，让全体民众有共享的愿景，激发能量和行动。相反的情况也有可能发生：团结互助关系破裂，社会机体的各部分纷纷自我封闭，萎缩的整体系统无力演化、无力适应变化。这通常就是系统崩溃的前奏。

变革，我们已然身在其中。据说赫拉克利特说过："没有什么是永恒的，除了变化本身。"长达38亿年的地球生命史，首先就是一部运动和永恒变化的历史。曾任法国国家自然历史博物馆馆长、现任"人类和生物多样性协会"会长的伯尔纳·舍瓦旭索·路易先生经常引用一幅画面，就是一个自行车手唯有在前进中才能保持平衡。他解释道：生物多样性基本上也是这么回事，小到细胞，大到生态系统，不管哪种规模，都是因其不停地演变才有了表面上的稳定。像大草原、泥炭沼和北方森林这样的生态系统一般被认为永恒不变,那只不过是因为它们的演化是以几十年甚至几百年为时间参照,与人类的疯狂节奏相去甚远。那些被我们错误称作"活化石"的动植物也是如此,就像矛尾鱼、鲎①和银杏,它们虽然与各自较近缘的动植物化石有相似性,但与其他物种相比也并没有进化得更少。然而,在很长一段时间内,没有人知道生命是不停演化的。直到达尔文出现,才有人说服我们生命有它自己的历史。时至今日,依然有神创论者否认这个实事。这些人虽然在我们国家为数不多,但在世界其他地区还是很有势力的。其实就算没有神创论者,我们这里还是有很多人不了解或拒绝接受生命的演化所带来的影响。也许是因为这会让人心里不踏实、不安全吧。我们往往会害怕改变,尤其当我们不确定改变后会怎样的时候。工业需要标准化的流程、较长的周期和可预见的未来,才能达到其预设的效率。集约型农业亦然,它需要花费大量的精力去把控生命的多变和自发特性,就因为这些特点不利于机械化的加工和收割,还因为农业产量和农产品市场的波动会在金融界掀起轩然大波。连机构制度都畏首畏尾,难以适应人类社会和整个生物圈永恒的演化。

---

① 鲎(hòu),又名马蹄蟹、夫妻鱼。——译者注

然而,"花无百日红"。某个特定语境下的成功秘诀有可能在新语境中反而成为累赘。正如刘易斯·卡洛尔笔下红皇后[①]所言:人必须得不停奔跑才能保持在原地。如果变化不可避免——其实向来如此——适应也就不可或缺。

生命世界在演化,而我们则始终以逆作用的方式被动追赶。接受这一点,接受它的所有后果,就意味着不再一味地将人类和生命世界的关系设定为永无休止的斗争关系,而是开启其他的可能。人类在所有学科里积累了如此多神奇的知识,如果我们真心希望从中得到些什么,那就必须充分意识到相互依赖关系和相互作用关系的重要意义。

随着农业、城市化和工业化的飞速发展,自然环境遭到破坏污染,人类活动给环境带来的压力与日俱增。我们已经成了影响所有生命体演化的决定性因素。

生命的历史并没有因为人类和技术的出现而止步。恰恰相反,它因此而加速。我们与生命世界构成一个复杂的系统,牵一发而动全身,每一丝变化都会给系统其他部分造成不可预见的后果。而这些后果最终还是会落到我们自己头上。我们需要有强大的应变能力,才能在这复杂的体系

[①] 红皇后是《爱丽丝仙境奇遇记》中的人物,这句话其实就是中国人所说的"逆水行舟,不进则退"。进化研究领域引用这句话来说明进化功能的重要性,即"红皇后假说"。——译者注

中游刃有余。在"仿生学"日益受到重视的今天，有必要强调一点：如果我们真的有什么东西需要向生命体学习的话，那么最应该学习就是它的适应能力、它的动态可塑性、它的抗击打能力。

通过生物圈认识我们的经济

人们谈论"知识经济"少说也有30年了,可是物质流却从未停止增长。如果把我们的技术世界使用的能源、物质、信息量的比例构成和生命世界的情况相比较,结果未必就是我们所期待的那样:我们的技术世界,即便到了互联网、大数据和全球化媒体时代,使用的信息量还是相对较弱,同时物质资源依旧被大量密集地使用。生命世界却恰好相反,它能源"贫瘠",节约使用原材料,却密集使用信息,而且没有电脑也没有用于集中储存数据的信息中心。生命世界里,信息是至关重要的。

为什么?这怎么可能呢?

请站在植物的立场上,设身处地地思考。请您闭上眼睛,根据您今天的心情兴致,想象自己是一棵橡树、一株勿忘草、一粒海藻或是任意您愿意的东西,只要是植物就行。您就会意识到,您唯一可能的能量源自远在离您的根茎1.496亿公里之外的太阳,当然也幸亏这么远。要获取这个能源,将它集中起来储存,您需要借助在身体细胞里——叶绿体这些特殊组织——的纳米级工厂,在里面发生一种极为复杂的化学反应。叶绿体含有叶绿素,就是一种绿色的色素,能够让植物将光子的能量转化为水溶性分子,从而吸收阳光。

光子的能量很丰富,但却很分散,难以集中。您这棵(梦中的)植物却能够将它转化为有机物,因为您能用它合成复合糖类、蛋白质和脂类,简言之,所有制造、维持生命并让其基因得以延续所需的养料。这就是光合作用的奇迹。这个奇迹,只有植物和某些微生物才能创造。

植物的故事就讲到这儿,梦也做完了,您可以睁开双眼了。

构成生命世界剩余部分的都是"消费者",您就是其中之一,别忘了梦已结束。是的,我们这些可怜的异养动物[①]为了生存必须进食:植物、食用植物的生物、食用动物的生物等等(这种食物链可以很长,特别是在海洋里)。

生物世界因而是一种金字塔结构,一种"营养金字塔[②]":底部是植物,其上是食草动物,然后是食肉动物,最顶端的

---

① 自养组织能够通过植物合成,减少非有机物质(尤其是矿物质),制造有机物。除此以外的生物都是他养组织,它们只能靠现成的有机养料存活。

② 查尔斯·艾尔顿(Charles Elton)提出的营养链概念指的是生态系统中所有的食物链相互联系的方式,而能量和生物量正是在食物链中进行流动的。

是超级食肉动物。由于每一级都有能量的消耗（捕捉和消化猎物都需要能量），而热力学第二条规律同样适用于此，我们会发现最顶层的能源收益情况糟糕透顶。生物体的能量势必间接来自植物，它有很高的新陈代谢的成本，在植物那一层级就已经非同小可，接着越往食物链高端这个成本就越高。对于材料也是如此，因为合成这些东西需要能量。如此看来，物质和能量对生命体而言是"高成本"的资源，要理性使用才对。

生命体对此的回答是，在非物化的世界里寻找出路：信息，没有成本。当然演化和物竞天择所需要的时间除外，因为时间可是价值连城的。信息储存在生命体的 DNA 里，在每一个物种内代代相传。偶尔会发生基因突变，逐步推进生物超乎想象的多样性、适应能力和创新能力。请别忘了，您身上的遗传基因，对，"您"的 DNA 里编码的那个，是从远古的祖先那里传承下来的。您的基因当然源自您的父母，但也继承于远古的先人。举例说，您和名为秀丽隐杆线虫的这个最不起眼的小虫子就有着同样的基因，决定您的身体左右对称、有体内体外、有前后之分的这些基因就是。生命体为了适应而不停创新，但它用现有的"存货"随机应变。38 亿年积累下来的知识并没有消失殆尽，它被完好地编码进了今天生命体的遗传基因里。

生命体依赖信息的一个表现就是它依赖材料的结构。为了适应不同环境，材料的属性十分多样。而这属性并非主要由相对单个化学成分决定，而是它们的结构。一共六个原子（最著名的 CHNOPS，即碳、氢、氮、氧、磷、硫），合成三组等效异位基因，能够制造生命体所需物质中的 95%[①]。我们身边的所有生物——贝类、哺乳动物、鸟类、蝙蝠、昆虫、植物、海藻、菌类、橡树、巨杉、浣熊——通通都用同样的原子和基因组构成：多糖、脂肪链和蛋白质，其中的核酸就是 DNA 遗传信息的携带者。所有的这些材料和组织的差异来自它们的结构而不是成分。但木头、骨头、皮肤、肌肉、肌腱、贝壳、珊瑚、贻贝的纤维、树叶以及其他种种，却各自有全然不同的特性。这种差异性就来自于上面说的这些材料中所携带的信息。说到生物时，我们也可以借用"技术圈"物体的"隐含能源"这个词，造出"隐含信息"一词。生物的化学特征是极度节约高效。这样一来，在以稀缺为特点的生物世界里，它们就具有不可小觑的优势，即各种成分的循环利用显然会更加容易。于是，亿万年来，同样的元素被无穷尽地再利用。您身上的原子有可能曾经属于鱼类、软体动物、恐龙，也同样有可能曾经属于莎士比亚或玛莉莲·梦露。

相反，在我们的技术世界里，能源是免费的。金属、骨

[①] 剩下的是众多痕量元素，如金、铜、锌、银。这些的确不可或缺，但量极小，主要起催化作用。

料或其他原料都可以免费获得。因为我们付费购买的只是人工、开采技术、运输、冶炼、加工和储存，大自然本身并没有寄来账单。老话说，"免费即是没有价值"——现在这话应该受到质疑，所以我们也看不到节约使用的理由。于是只要开采比较容易，我们就会无所顾忌地在矿藏中提取①。

这一切的直接逻辑后果就是，依靠往昔的生态系统馈赠给我们丰富的资源，我们的经济长期得到这种慷慨"资助"的娇惯，现在已经没有竞争力。对能源和原材料向来如饥似渴的经济到了今天就显得脆弱不堪。我们谈论"知识经济"已经不止一天半天，现在是付诸实践的时候了。

幸运的是，我们身边的大自然永远提供无尽的知识、想法、方案。正因此，前文提到过的稀缺倒置现象有可能是一个真正的契机。如果用合适的方式加以利用，它能让我们的

---

① 一旦最易开采的那部分资源枯竭，就需要转战更远更深的矿层，去寻找石油。非但开采的成本增加，而且还需更多的能量将地壳深处的石油提取到地面。1930 年，用相对简单的技术，一吨石油当量能够从地下提取 100 吨石油。到了今天，同样数量的能量只能提取出 20 吨石油。也就是说，80 年后，回报率下降了 80%。廉价石油的时代已经彻底终结。此外，非常规矿藏、天然气和煤矿还为我们在地下留存相当多的能源——也许能供工业使用几百年，但燃烧化石氢燃料会产生温室效应气体，加剧气候变化。所以我们必须停止或至少大幅度减少对这些能源的开采，越早越好。人类的祖先并没有因为石块耗尽才走出石器时代，我们也不应该等到最后一滴石油耗尽才告别石油时代。

企业仿效生物建构经济模式，从而更具竞争力和应变力，获取更丰厚的回报。它们也会由此变得更加抗逆、经得起风云变幻、经得起能源和原料价格波动。

我们在很多企业里都观察到一点：好几年来，企业创造的附加值中，物质本身所做的贡献比例日趋降低。为什么？如果经济效益的决定因素是企业是否有能力用最低成本进行生产，那么在全球化的经济里，永远有人能把成本压得更低。面对这种竞争压力，唯一可行的办法就是提高非物质部分的附加值。很多企业已经走上这条道路，还有很多企业正处于程度不一的转型期，它们纷纷在实物产品的基础上增加了相关的服务产品。

自然界还告诉我们，可以用别样的方式去设计产品，在材料、形状、结构的信息含量上做文章。相比现有的产品，新产品可以带有相同甚至更多的功能，其需要的材料却更少，也就是消耗的隐含能源更少。

古斯塔夫·埃菲尔有生之年从未听说过仿生学，但他却是个务实善思的人。他面对的挑战是：需要设计的支撑结构必须轻巧、组装搭建的时间比以往更短、无须大量运输建材。据说他就是从鸟骨那里得到的启发。鸟骨的横截面呈现出来的是一些物质，就是碳酸钙，剩下都是空的。这种张力结构轻盈又坚固。埃菲尔铁塔和加拉比特高架桥都是空心结构。它们没有使用传统建筑中的桥墩，而是用少许有结构的物质撑起来的空心架构。

更注重信息含量的设计，会使回收利用更加便利。要对一辆二三十年前生产的汽车进行回收利用，有时会碰上如何鉴定材质的难题，尤其是塑料材质。仪表盘上有多种不同的塑料型材，其特性各不相同。怎么分离回收呢？使用的原材料如果缺乏可追溯性标识，拆装和回收就会变得极为令人头疼。第一批VHU（报废车辆）相关法令正是在充分考量这一点之后颁布的。其中主要的规定就是标明使用的材料信息，以保证可追溯性，为产品到使用寿限后分离和回收利用提供便利。

热力学专家告诉我们，如果在一个系统中加入信息，就会减少熵值。这就是这个例子所体现的：在合适的时候提供的信息越多、越准确，就越能减少能量和物质的流失。

地球是一个孤立系统，所以我们就需要恪守护卫它的职责。唯一可以长期使用的能源是太阳能（除去潮汐能和地热能）。物理资源的存量有限，我们出入无门：不可能在系统外找到能源，也无法将我们的有毒废料扔到系统之外。

在这样的条件下，生物圈是如何得以维系的？人家好得很！地球上的生命系统可以说是一个有着38亿年历史的新创企业，它向我们证明，可持续的生产模式在孤立系统中完全有可能成功运行。生命世界充满创造力，而我们却困在自己的发展模式中捉襟见肘，难道我们看不见生物圈投来的鄙视的眼光吗?生物圈是一个能够与热力学第二规律抗衡的系统:它利用普照大地的阳光和地球上的矿物元素制造出高潜力的能量和有结构的物质,局部[①]制造着"负熵"。生物圈,是一个建立在"流"基础上的系统:来自阳光照射的能量流;通过营养循环而形成的物质流。而我们的经济基础,却是对无法再生的库存的无限度开采。我们应该以生物为榜样,从"库存经济"过渡到"流经济"。

[①] 之所以说"局部",是因为"负熵"仅发生在生物圈范围内。在宇宙的总体范围内,熵仍然是一条普适、不可逆的规律。

合作共生

已故的让·马力·佩尔特写过:"在合作中创造,在竞争中淘汰。"新的适应"能力"之所以能够在生命系统中出现,很大程度上是合作和共生的结果。这一切都发生在同一种群内部,与生物群落①一样。

因此,根据林恩·马古利斯的学说,组成人体、动物、植物和真菌的真核细胞由原本独立生活的多个细菌品种共生进化而来。最原初的生命形态是"简单"的单细胞生物,它们没有细胞核,也没有像线粒体或植物叶绿体那样能够负责管理能量的细胞单元。它们是原核生物,一如今天构成生命组织主要部分的细菌和古菌。它们虽然体积微小,但却能够承担储存和传承信息、管理能量等宝贵的特殊功能。真核细胞很有可能就是某些单细胞生物将原核生物同化之后的产物。真核细胞的诞生标志着生命史开启新的篇章,为多细胞生物

---

① 生物群落是指一个生态系统内的生物的总和。

的出现铺平道路,也为今天的生命体多样性做好准备。

合作和共生是未来创新的真正平台。它们会催生新事物,创造新的可能。

自然不应被简单等同于为生存而进行的殊死搏斗的代名词,这只是人们一直一厢情愿强加于自然的意义。如果我们能忠实地重读达尔文学说[1],我们就会更好地理解合作在演化中所扮演的关键角色。后来彼得·克鲁泡特金的著作《互助论:进化的一种因素》也以图文并茂的方式带来更多的补充说明。他的政治用意固然不可否认,但他确实展示了合作机制对于进化起到的巨大作用。

在合作这个问题上,生物圈和生物圈的历史也同样带给我们灵感。有人会说合作是有成本的,的确如此。合作,意味着需要花时间相互了解、学习如何一起工作、创建信息共享和决策的新模式。但我们接下去马上会看到,目前的处境不容我们不合作。合作不是奢侈,而是一种必须。面对世界的不确定性,合作是决定性的筹码。

---

[1] 的确,反复强调进化这一面(生死搏斗)的并非达尔文本人,而是他的狂热信徒们,其中尤以赫伯特·斯宾塞为甚。这是因为这一点与他们的世界观十分契合,能够帮助他们去鼓吹一种进化论之父本人并不认同的"社会达尔文主义"。

危机，什么危机？

生命体的历史上危机不断：古动物学家熟稔的五次物种灭绝大危机中，最后那一次导致了白垩纪末期恐龙绝迹。这些危机在地质时间维度上来说发生得极为突然剧烈，对生物圈进行了"重新洗牌"。

它们的特征具有划时代意义：每次危机后，都会逐渐建立起与危机前截然不同的新平衡。

因此古生物学家所说的危机与政治领导人和大部分经济分析师口中的危机涵盖的意义相去甚远。在政治和经济范畴，还有医学范畴内，危机是暂时性的，一般之后都会"恢复正常"：医学上叫"治愈"，经济上叫"摆脱危机"。

某些情况下，政治危机有可能导致制度变革，这倒是与古生物学家赋予这个词汇的语义更加贴近。对于后者而言，危机指的是一种关键的、决定性的时刻，之后会有状态的改变，有点像是物理学家所说的"临界点"（比如水在沸腾前后分别呈现为液态和气态）。

地质层化石的分析显示，相对稳定的漫长地质时期里，生命演化以平缓的方式进行。但不同的时期之间时有危机爆发。物种当然不停演化，并且共同演化，会适应平缓变化的环境。之前我们提到过不同的创新方式，这里的情形就符合"增量式创新"的定义。但危机发生期间和紧接其后的阶段，一切都仿佛脱缰野马般加速：新的物种出现、老物种迅速细分变化，最典型的就是哺乳动物从第三纪起就迅速占领恐龙绝迹后留下的生态空白。为指出（相对）稳定期和危机的交替特征，美国古生物学家斯蒂芬·杰·古尔德和奈尔斯·埃尔德雷德提出了"断续性平衡理论"。

不过，如果将生命多样性的演变曲线和经济发展曲线放在一起看，我们就会发现，无论哪个领域，相对稳定期里面还是危机不断，而这些危机期间一切都会重新洗牌，必须要迅速适应。

为适应变化而创新，就意味着要思考什么是"效益"。处于增长壮大期的市场资源充足，这种情况下"效益高"就是要有能力利用成本红利进行大批量生产。要在竞争中脱颖而出，就必须要以专业化和扩大经济规模为战略目标，实行可控的生产方式，将资源的使用最大化，总体上能够更快、更强地建设更雄厚的实力。在这种资源充足的情况下，效益遵从竞争思维。但这种效益一旦遭遇变化就会不堪一击。环境、生活或法规等因素稍有变动，就有波动甚至崩溃的风险。

所以效益必须与复原力相配合。过去三十年中，多少工业巨擘相继陨落，就因为它们在专业化道路上走得太远。事实上，效益与复原力的交集才是最佳地带。

在严重动荡期，无论是追求专业化还是以竞争为上都难以为继。这时只有依赖合作能力、适应能力以及机敏的创新能力才能一显高下。就像昆虫、细菌、真菌或微生物都有快速繁殖周期，也都有演化和适应的巨大潜力。

繁盛时期的创新策略，经常以增量式为主。增量创新说到底就是在现有基础上做得更好，来增强竞争力。竞争思维还是占主导地位。

相反，更适合动荡时期的，则是突破式和破坏式创新，哪怕它们更具风险。可在我们所处的这个时期，"不冒任何风险才是最大的风险"[1]。

自然界视困境为机遇。每一次环境中的变化，每一种困境，都是演变的机会，也就是为适应而创新的机会。在永动的世界中，面对变化负隅顽抗根本毫无意义。暂时赢得时间，这只是"自欺欺人"，等到突破变得不可避免的时候，需要付出的昂贵代价，远远高出及时改变、及时帮助最有需要的那些人平稳过渡所需的努力。

---

[1] 有的说法认为这一句语出温斯顿·丘吉尔，也有人认为语出约翰·F. 肯尼迪。

可惜我们经常反其道而行之。有些经济模式早已"江郎才尽",有些生产方式早已过时且挑战了生物圈的极限,但出于对变化的惧怕,为了减弱经济动荡和转型带来的猛烈冲击,它们还是会得到公共财政补助而得以苟延残喘,以此来换取某种社会安定状态[1]。但这些幻想无一不是以破灭告终。等到那时人们才意识到,这些财政资助如果当初用于陪伴平稳过渡、帮助企业和公民脱胎换骨,才是用到了刀刃上,可惜为时已晚。

---

[1] 最典型的例子就是20世纪70～80年代拨给煤炭或炼钢产业的公共财政补贴,或是到了气候变暖的今天,全世界各国居然每年拨款五万三千亿美元,用于化石能源的税后补贴。

扩展适应

古生物学家斯蒂芬·杰·古尔德提出"扩展适应"（exaptation），指进化过程彻底改变现有结构的功能，开发新功能。跳跃式进化因此得以实现，使物种能够适应环境的大规模突然变化。

恐龙的羽毛便是很好的一例。现在我们知道，很多恐龙长有羽毛，有调节体温的功能。其实恐龙并没有全数灭绝，它们中的一部分现在还在我们身边生活，我们每天都会与它们相遇，包括在城市中心地带。的确，鸟类——说的正是它们——正是部分幸免灭绝的恐龙的后代。但鸟类身上的羽毛是实现飞翔功能的根本器官。羽毛的结构如故，功能却大相径庭。

再去更久远的古代看看。今天，大部分鱼类体内都有鱼鳔，简单讲就是一个长满神经末端的填充了气体的气囊。填充的饱满程度随水压而变化，使鱼能够根据环境调节自身体压，在水中升降自如。现在已经证明，与我们很长时间内的认识正好相反，现代硬骨鱼类的鱼鳔的前身，正是一种生活在缺氧环境中的叫肺鱼的种群体内的辅助呼吸器官。就像恐龙的羽毛一样，鱼鳔由先前存在的结构演化而来，在演化的压力下彻底改变了功能。

接着说鱼。您有没有想过，约3.65亿年前，四足动物这些最早的脊椎动物是怎么离开水生环境转战陆地的？我们来想象一下：鱼鳍尚未进化成足掌之前，一条条鱼靠鱼鳍支撑爬行。这不可能。其实，石螈鱼和开启陆地动物生活的四足动物当时已经具备所需的一切：一个长有支气管的肺。因为它们生活在缺少氧气的水环境中，就需要到水面上呼吸空气。它们的爪子在水环境中有船桨的作用，爪子顶端都长有手指或脚趾方便抓捕猎物。研究证明，它们后来征服陆地，先后在河岸和逐渐远离水面的陆地环境中行走，正是由于这些爪子经历了扩展适应后起了决定性作用。

再回到我们的年代，看看身边的世界。人类的经济必须转型才能与生物圈更加和谐，其实我们就像石螈鱼一样，已经具备一切必要条件，要做的只是找到转型所需的扩展适应"宝藏"。它们比比皆是：网络、基础设施、专业能力、工具和设备、非物质的数据和其他资源。

有些企业已经开始了扩展适应。前面提到过，ARECO这个研究项目的目标就是找到新的方法给电动汽车做车内降温，取代能耗过高的空调。微喷雾系统不扎眼、安装简便且节能环保,是大有前途的新方案。然而,电动汽车始终未见有明显的起色,于是就得为这项创新技术找到别的用途。从为司机和乘客带来习习凉风到为西葫芦和黄瓜保鲜,其中只有扩展适应这一步之遥。同样,通过成立邮电银行,邮局将其原先的信件分发网络扩展升级成为银行客户网络,从而在竞争激烈的银行市场上迅速地站稳脚跟。

扩展适应还适用于经济活动组织和经济模式层面的非物质化创新。

有实例为证,也可以说是一则寓言。虽说那个时代离现在也并不是那么遥远,但我们当中很少有人经历过,那时要制冷只能靠冰块。当时的冰块是冬天天然形成的,全年储藏在山上专门挖出来的巨大冰窖中。这在当时是一项专门的经济贸易活动。在马赛,平底渔船打渔后返回老港倾倒鱼虾之前,整块的冰块早已送到,随时可以和上粗盐叠放起来,用来冰藏鱼虾。从事这项贸易的专业人员每天都得早起去圣·博姆山的冰窖里取出冰块送至马赛港。但有那么一天,对于他们来说十分不祥的一天,冰箱和冷柜横空出世,冰块贸易断崖式崩塌。但这些公司和人员面前还有两种选择。一种是适应,另一种就是扩展适应。前者是最简单最自然的做法,就是接受自己的生意所售卖的"制冷"现在已由机器来制造。适应就意味着转卖这些机器和相关的服务。后一种则是扩展适应的做法,首先要甄别自己的营生中最关键的专业能力。

这种能力就是物流方面的经验，他们知道怎么做才能使冰块无论在什么条件下都被及时送达。如果这些人将这一经验扩展，就有可能成为专门的物流公司,管理难度较大的"货运流"。

在新视角下，经济与生物圈紧密相连、步履一致。从生物身上汲取灵感的不只是产品、工艺、组织和经济模式的新诠释。创新和适应的过程本身亦然。如果缺少适应过程所需的时间，何不尝试一下扩展适应呢？

3

永续经济
服务于生命的经济

的确需要距离才能更好地理解正在发生的变化。但怎样才能将这些基本原则、这些价值创造的新杠杆和理论模型付诸实践呢？怎样才能将宏观思路与更具偶然性的行动以及具体的现实联结在一起？反过来，怎样才能赋予具体行动以意义，又不丢掉全局观呢？循环经济、功能经济、协作型经济、地方产业生态系统、仿生学、自然资本、替代货币等，在如此多的概念丛林中，要做到不迷失方向谈何容易。没有参考框架，没有明晰的意向，目的和手段随时都会被混为一谈。

从"现代时期"到工业革命，好几个世纪的遗产形塑着我们的世界观。但这份遗产，被用来当作工业文明奠基神话的叙事，适用于我们的时代吗？我们需要重新诠释人和其他生物的关系、经济与生物圈的关系；我们需要使认识和行动在所有的维度都相互契合。这就是永续经济的目标。

循环经济,来自生命的启示

看来真的无处逃遁:热力学原理的规律支配一切,无一例外。远古时代光合作用所遗留下来的化石类氢燃料的矿藏,亿万年来深埋地球脏腑,保存了巨大的能量。然而从人类开采的那一刻起,它只能不可逆转地遭到挥霍和四散。这份能量的宝藏一去不复返了。在化石能源上下赌注,就好比一头扎进死胡同。

严峻的现实其实也让我们看到机遇。毕竟,地球源源不断地接收着太阳能,其数量对于满足我们的饮食和能量需求而言绰绰有余。生命界就是很好的例证。我们能做到向它学习吗?我们能否与它并肩行动,而不是与之为敌?

生物圈亿万年来发生了什么?太阳的光线,穿过大气层,被臭氧层①吸收掉最有害的紫外线之后，被植物细胞的叶绿素捕获。因为有阳光，因而土壤中蕴含的矿物质可以被合成有机物质，用来供食物链各环节的动物食用。被食用后，有机物质最终会以这样那样的方式返回土壤。由此开始无数生命组织参与的漫长降解过程，使矿物元素再次变得可利用。这样新的一轮循环就可以开始了。大自然不会制造任何它无法利用的废弃物②。生命体永不停歇地循环着自己的组成成分。

生物圈的生产系统是循环性的。

相反，人类的工业生产系统很大程度上却是线性的、分散性的。它在不同环节提取资源，加工使用后又将之丢弃。就像苏联老工厂里生产出来的故障卡车多于能跑起来的车，我们的经济制造的废弃物要多过真正能够使用的产品，浪费

---

① 平流层的臭氧层本身也是生物界的产物，因为它是在光合作用出现后大气中的氧气含量逐渐提高而形成的。动植物也是等到臭氧层厚到足以过滤紫外线之后才有可能离开海洋征服陆地，不然紫外线就会杀死它们的细胞。

② 石油、煤炭、天然气除外，它们对于大自然而言的确是"废弃物"。制造这些废弃物的不是正常的生物圈运行，而是地质意外。有些自然沉淀物过快被覆盖，或者在没有分解物的情况下在土壤里堆积，得不到完全降解而无法再次成矿。所以，主要是不完全厌氧发酵制造了这些化石燃料，填饱了人类工业的胃口。同样，氧气也是一种"废弃物"——至少对于植物而言是如此。光合作用出现后，大气中氧气含量的上升差点引起大规模灭绝，直到后来它才变成一种其他机体呼吸不可或缺的资源。

的能量多过真正使用的能量。"废弃物"一词值得我们驻足深思：它指的是注定要被摧毁的东西。意思不能更清楚了：这是对它们身上的潜在资源的否定。

但我们还是可以从生物圈的运行方式中获得启发。我们能够想象出一种生产模式，其中的组成部分，无论是生物量转化而来的有机物质，还是像金属或玻璃那样的矿物质，经过工业加工后被消费者使用，随后又得到"降解者"的再处理，其目的正是使它们再次变得可使用。关键就是要预设"回归环路"。这种生产系统的能量[①]来自阳光照射所产生的各种能源，以及地热能和潮汐能等其他能源。

听上去这么简单的事情为什么至今还没有实现呢？有一个问题，那就是热力学的第二条规律。

原材料理论上是可以无限循环的，但能源却是短板。人们充其量只能提高发动机的性能和能源储存、转换的方法，但这只不过是"杯水车薪"。能源一旦被消耗，就遭到了破坏和浪费，无法重新使用。

然而，对原材料进行资源再生化处理本身就是高能耗的过程。需要运输到回收处理的工厂，分离不同的成分，清洗，除去漆、釉、胶和其他添加成分，还得送进熔炉，如玻璃、

---

① 这些能量包括光伏能源，还有太阳热能、风能、波浪能、水能、生物质能或是发酵制造的沼气能。

金属和塑料等就需要高温熔化后才能再生。

出路在于走出资源再生的思路。再生利用和循环经济经常被错误地联系在一起。其实它仅仅是循环经济的最后一个环节,这个环节最昂贵、耗能最多、创造价值最少、用到的能力和创造力也是最少的。简言之就是最低效的。强调再生利用,就是怂恿人们还可以继续"生意依旧"的幻想。依赖再生利用,几乎就是在承认失败,因为在它之前的环节完全可以做得更好。

回收利用	
每个生命周期的流失和浪费	
1. 开采	品位不高的矿石无人开采
2. 加工	利用率低
3. 制造	交叉污染,流失
4. 使用	使用过程中的流失(比如80%的钛金属都被用在油漆中,金属件的磨损等) 产品在"技术圈"中有停留周期,致使要不停使用新材料
5. 回收	回收率过低 分拣不彻底(垃圾混合和二次污染) 焚烧还是再利用?

	回收利用
	每个生命周期的流失和浪费
6.资源再生	利用率低下
	流失
	因废弃导致的流失
	材料属性发生变化

资源生命周期表

因此,真正的循环经济应该大力发展路径较短的再利用,尽量避免或延迟资源再生这一环节。从资源被开采到它的生命尽头或是变成再生资源那一刻,包括所有步骤的全过程被称作"生命周期"。

(1)原材料的开采:矿石、岩石、能源,有时还有木材、纺织纤维等。

(2)这些资源会被加工,用以生产技术组件。这一步的工艺流程往往消耗大量的能源(如用硅来生产玻璃、用骨料生产混凝土、用矿石生产铁皮)。

(3)将零件组装成技术套件,直至可以售卖给客户的成品。这个复杂的过程细分为不同步骤:组装、准备、收尾。这期间原材料常常要经历远距离运输,因此很难确保零件的可追溯性。

（4）产品要通过批发商、零售商、采购站、物流网点，才能到终端客户的手中。这一步必然会有交通，也就是说能量的消耗，还会有通常寿命极为短暂的包装。

（5）客户的消耗或使用，隐含着耗材的使用、能源、水，还有维护和维修。

《自然资本论》[①] 的作者讲述了一个易拉罐的生命周期，简直就是一部长篇小说，看这段节选：

> 制造罐头本身的成本要比制造饮料高而且复杂。铝土矿在澳大利亚开采，然后被运往一个化学还原工厂，在那里经过半小时的加工将每一吨铝土矿提炼成半吨氧化铝。当氧化铝累积到足够数量时，被装上一艘巨型运矿船运往瑞典和挪威，在那里水电大坝提供了廉价的电力。再经过长达一个月的跨越两个大洋的运输后，被送到熔炉旁，总共需要长达两个月的时间。
>
> 在熔炉中经过两小时，每半吨重的二氧化铝被

---

① 保罗·霍根（Paul Hawken）、艾默里·罗文斯（Amory B. Lovins）、亨特·罗文斯（Hunter Lovins）:《自然资本论：关于下一次工业革命》，美国绿色建筑委员会（US Green Building Council），2000年。

熔炼成1/4吨金属铝，每只铝锭长10米。再经过两周的处理后，铝锭被装船运往瑞典和德国的压延厂。在那里，每只铝锭被加热到近480℃，轧制成3毫米厚的薄片。这些成品薄铝片被卷成10吨重的铝片卷，运往一个仓库，然后再运到同一个国家或另一个国家的冷轧厂，在那里将它们轧制成只有原来1/10厚的薄片，以备加工使用。然后这些铝片被运往英国，在那里被冲压加工成罐头筒，再经过清洗、烘干、涂上一种基底涂层，再涂上带有特定产品信息的涂层。接下来这种罐头经过上漆、凸缘（还没有封顶）、喷上一层保护层以防止易拉罐受饮料液体的侵蚀而生锈，最后再经受一次检查。

  这些易拉罐被装在货盘上，用叉车运往仓库存放起来直到需用时为止。然后它们被船运至装罐头厂，在那里它们受到冲洗和一次又一次地清洁处理……喝一听可乐只需要几分钟，将易拉罐扔掉则只需要1秒钟。

  小小的易拉罐，祝你旅途愉快！但使用结束后该拿你怎么办呢？回收再生吗？从生命周期的视角来看，再生是最长的循环路径。虽然这样可以部分避免开采新的原材料，但其过程还是需要复杂的物流、高成本高能耗的加工以及长距离运输。

要缩短路径,就要在"再组装"上做文章,给依然具有使用价值的组件第二次(第三次、第四次等)生命。一个产品的寿命是由使用寿命最短的组件决定的。有多少手机因为电池容量衰减用尽而被弃作废品?其实只要更换电池就可以,可是电池不容易找到。一般来讲,用再利用的组件"再制造"产品是可行的,也能带来很高的经济效益。很多专业复印机就属于这种情况。

第三种循环路径更短,其要点就是提高设备的使用率。为此有多种方法:设法增加使用者的数量做到"再使用",或者实现设备共享。汽车的共享有时就可以让使用率直线上升。一辆私家车停在车库不用的时间最长可以达到使用寿命的95%,这期间它占用公共空间却没有丝毫的使用价值。同一辆汽车,若是在消费者协作平台上实现共享的话,就会接近其最大使用潜能,却并不会因此而在制造阶段消耗更多的原材料和能源。

很有可能此时此刻您家的某个柜子里正躺着一台电钻。这种工具预设使用时间长达1万小时,您却很有可能只使用它几个小时,最多不超过十几个小时,它的使用潜能大打折扣。如果它不是被出售,而是被一家专门的店租赁出去,那这台电钻的使用次数就有可能上升100倍。相比卖给一名顾客的情况,租赁的方式能创造更大的经济价值、更多的就业机会(需要有人手负责预订、维护以及管理租赁服务)。若要实现经济价值创造和耗能耗材脱钩的目的，这么做才是正道。专业复印机中有很多使用的是旧组件，它们就不走售卖模式，而走租赁模式，或更好的方式，即在一家复印店里整合使用。由于它们自始至终都属于生产厂家，因而租赁合同到期时，厂家会将它们拆装，用其中部分组件"再造"新复印机。

最后一种循环路径最接近客户需求，产品或服务创造的价值也最高。在这里，产品不过就是满足客户需求的一个载体。真正重要的是"使用"，或更确切地说，是"使用效益"。买电钻是因为要打眼。给客户带来的附加值其实在于那个洞眼，而非拥有电钻这件事。顺着这条思路再走远一点，就会想洞眼的用途是什么。如果最终是为了在墙上固定什么东西，或是要将两块木头或金属钉到一起，也许可以有其他方案，没准儿更好。同样，对很多客户而言，拥有车辆并不会创造使用价值，其实汽车很多时候都是负担，重要的是能够确保随时随地用最少的时间解决出行问题。体现使用效益的是出行本身。厂商的角色，就是把满足客户这个需求的每一步协调起来：需要让客户能够临时租用产品，但还有一系列相关服务，如维护、提供耗材和能源。一般来讲，这些需要好几个互补领域的专业商家积极协作。这就是"功能协作式经济"，本书第一章中列举的案例正是如此。

这种模式也是对因鼓励浪费而广受诟病的"预设产品寿命"的一剂良药。既然定价的新根据是为客户带来的使用价值,厂商就有理由让设计出的产品有尽可能长的使用寿命,尽量易于维护,这样才能使产品在生命周期内提供尽可能多的"服务单元"。功能型经济还重视近距离服务、发展客户和厂家之间的信任关系。它远远抛开批量化、规模化的思路,力求根据客户的需求提供因情况制宜、因人而异的方案。这也叫作"产品服务化"。

上述不同的循环路径(资源再生、"再制造"、再使用、共享、功能经济、产品服务化)不应该相互对立,而应有机结合起来。它们互为补充,分别在"产品"生命周期的不同语境或阶段介入。它们能够在新的价值模式中有机结合,虽然更加复杂却也能带来更多的回报,更加稳定,更具创造就业的潜能。

这些模式能否成功取决于信息开放和畅通程度。要确保组件和零件的可追溯性、规划维护工作、为客户提供个性化服务。我们看到,在系统中加入信息,能够减少"熵"。运用创新的经济模式和生产模式,这些缩短了的价值循环路径就是对稀缺资源倒置的回应。它们能减少对化石能源和原材料的依赖,提升附加值中非物质部分的比重,为创造就业、在有需要也就是有客源的地方创造就业做出贡献。

通过本书介绍的案例可以看到,具体的解决方案切实存在。功能经济这种经济模式是对资源稀缺倒置的回应。理论上,它能与循环经济的其他组成部分一起,使价值的创造和自然资源的消耗脱钩。不过我们不能就此认为这就是一个包治百病的神药或就此将目的和手段相混淆，循环经济的运行需要有明确的意向，需要与系统性愿景中的关键问题相联系。不能忘了根本目的是让我们的发展模式与生物圈的运动相匹配，这尤其要求人类的经济流和生物圈进入同步发展。置这一愿景于不顾，偏离这个真正高贵的"政治"理想，而一心钻营循环经济的纯"技术"层面，恐怕有巨大的风险，甚至有一天会适得其反。

循环经济不代表解决方案，它只是解决方案的组成部分。如果被错误地诠释，如果没有长远规划，实施循环经济很有可能只是任由脱缰野马继续往前狂奔，会带我们冲向人类文明的全面坍塌。

为了分清目的与手段，我们需要更宽阔的战略视野，即整体社会规划。它应该是明确的、勇敢的、所有成员共享的规划，应该既充分考虑到现实的复杂，又简单易懂。我们还需要一种新的叙事，用以作为新时代的奠基神话，它应该提出可信的、有号召力的另一种可能，取代19世纪和"光荣三十年"时代遗留下来的旧叙事。前者以人们对技术万能的狂热信仰为基础，后者则认为幸福就在于对疯狂消费的永恒追求。但"奠基神话"可不是说有就有的，它需要从社会、文化、技术和经济等不同领域无声的变化开始，在集体无意识中慢慢巩固。

变换认识高度

那么，我们可以耐心地等待，等待这些无声的变化逐步形成气候。但我们也可以想办法加快步伐，实施受生命体启发的经济模式，让它产生足够的影响力去迎接高难度的挑战。

我们今天的处境，就是葛兰西所说的令人尴尬的过渡时期，是两个世界明暗对比强烈的景象，旧世界苟延残喘，新世界姗姗来迟。这种局面倒也并非没有先例：今天我们称之为工业革命的变化可不是一蹴而就的。19世纪的各国社会的发展愿景并非完全一致。虽然今天我们认为他们盲目信仰进步，但当时的事实却复杂得多。经历过的人都知道，那是充满决裂、混沌、无序变数的时期。有些变化剧烈轰动，有些变化却悄无声息，无人知觉，它们之所以能够发生是因为经济、技术、文化和政治上的条件同时成熟。但所有这一切的"意义"却是事后才被觉察到的。

也许今天的情况也是如此。众多因素成熟，它们呼唤着如工业革命般彻底或更甚的新变革，并为之创造了条件。

我们身处风暴中心，在狂风巨浪中看不清全局。用"可希冀的未来"研究中心的马修·博丹的话来说，就是"风暴来袭之时，人们都会紧紧扳住船舷。但总会有几个人有勇气爬到桅杆制高点。在那个高度，他们能越过海浪看到暴风雨之后的地平线"。攀上桅杆顶端的这些人有责任回落到甲板上，说出看到的景象，说服众人——"有幸知道的人就有行动的责任"[①]。

经济唯有变革才能与生物圈共存，坚信这一点这很重要。但要带动经济界的主体，尤其是企业，就需要懂方法，需要说对方听得进去的话。说服，并不是要搞全民动员去应对已初露端倪的灾祸，而是让他们产生变革的愿望，向他们证明无须在未来和当下之间选择牺牲哪一个。

出于这个原因，我经常把重点放在投资能够带来的效益和回报上：竞争优势差异化、占领新市场、客户忠实化、地方经济更具吸引力。如果无法证明这些变革的经济意义，那企业和地方政府有什么理由转型呢？就算是在一个领导人直接认识股东的家族企业里，转型也必须满足不破坏企业经济平衡的前提条件。在跨国公司里，中小股东变化无常，公司高管承受着短期业绩的压力。面对他们，也需要讲究方式方

[①] 爱因斯坦的一句名言。

法，找到合适的人，让他们产生转型的意愿。

当然，很有可能有别的做法。最重要的是知道我们要什么。那么既然情况迫在眉睫，为什么不干脆强制变革呢？姑且不论这种做法有"极权"的嫌疑，首要的问题就是要知道强制人家做什么。当今的经济全球化、相互依赖、复杂程度令人难以置信，具体背景和情况千差万别，一刀切的方法看似简单但根本没有奏效的可能。那是不是就得放弃行动，寄希望于每个人的责任感呢？除非真的是很傻很幼稚，一般人不会觉得这样就管用。面对如此扑朔迷离的情况，必须要了解所有摆在眼前的行动方案，清楚每一种方案的长、短板，以便在合适的时间和情况中批判性地运用它们。尤其需要保持谦虚的心态，评估工作的有效性，有错必改。

举例来说，通过制定法规强制实施技术标准或禁止某些做法。这种做法相当有诱惑力，而且有时候的确必要。但它毕竟有内在的局限性，带有风险。局限就来自它的性质：法规是用来防范局面失控的防火墙。出于这种性质，法规不太能预见偏离轨道的行为，一般也都是作为一种事后反应而被制定的。制定法律法规是变革的辅助手段，但本身不能引发变革。在某个时刻行之有效的某一法规放到别的语境中就很有可能变成羁绊。比如，有关废弃物的法规①，它在当时对于保护消费者权益来说是十分必要的，但在资源稀缺倒置的今天，相关规定必须与时俱进，助力创造再利用和再生行业的发展。除去上述因历史性和"死板"特质造成的内在局限，法规政策还隐含其他陷阱。它有可能会在客观上催生一些撤离他国或规避法律的对策，这样问题就不是被解决，而是被转移。即便理论上可以加强监控来降低这部分风险，但这在操作层面也很难做到，除非倒退到官僚极权主义。可是就算抛开伦理层面不说，历史也早已告诉我们官僚极权根本无效。约束和压力不见得是行动的最佳动力。虽然在不得已的情况下强制措施不可或缺，但正面的激励总是好过带有各种强制规定的约束。

我们也可以考虑运用"价格信号"来刺激行动，比如借助税收杠杆、公共服务税或是可协商的税。但这些机制和禁令、规范有同样的问题：总是慢一拍，往往不是对症下药，

---

① 欧洲的旧法律法规出于保护消费者权益的考虑，对新材料和再生材料作了明确的区分。其中"废弃物"是一个特定的概念，一旦被确认为废弃物，就必须销毁。新的法律法规有所变化，更加突出绿色环保原则。也就是说，在保护消费者权益的前提下，许多产品和材料有可能不被认定为"废弃物"。甚至在某些情况下，这些材料可以像新材料、新原料一样得到重新使用，或转为他用（如塑料瓶转化成摇粒绒、再生织物被用作房屋保温隔热材料）。

容易催生规避行为。结果往往收效甚微，甚至适得其反。最明显的例子就是"碳泄漏"现象，即将生产转移到生产标准、二氧化碳定价、能源价格都相对较低的国家的做法。典型的例子还有汽车制造商为享受税赋优惠政策，采用一些对策和"窍门"，使汽车碳排放量"符合要求"。在检测条件下，汽车的碳排放成绩傲人，可这种优秀表现在真实条件下却根本无法复制[①]。如今行政程序的复杂程度已经无以复加，很难想象再加入新的机制，除非先废止一部分行政程序。然而，废止不再适应现实的税项，这个过程必定会障碍重重、耗费时间。税收和附加税领域很有必要引入评估和可逆性机制，但这种文化至今还未形成。

我们还得先想想究竟应该征什么东西的税。今天，在法国企业缴税主要是通过薪资缴纳增值税和生产工具方面的税。其实这两项是积极因素，应该鼓励才对。相反，应该遏制的做法却没有系统清晰的赋税政策，如对环境带来的消极破坏。的确，在目前的认识条件下，对这种破坏的测量很难到达足够为此成立公正并易操作的税项的精确程度。但我们还是应该记住这条思路："税赋颠倒"可以成为有效的激励杠杆，有助于释放和回迁就业，同时能鼓励以保护环境和资源

---

① 这里尚未涉及某著名汽车制造商在汽车上安装的有意舞弊的"造假软件"。

为目标的投资项目。

多管齐下才是对的,行业标准、法律法规、经济激励机制,只要控制好力度并有严谨的评估保障,都能起作用。但它们都有局限,都不足以掀起经济世界的深度变革。它们最多起到"削峰"作用缓冲最糟糕的失控局面。最差情况诚然需要避免,但这显然是不够的。

另外一种杠杆是期待消费者和消费行为自发演变。新的公民消费行为以本地消费为主、更低碳、不那么浮躁,有立场、愿意斗争的"消费行动者"就是这种新消费行为的先锋,他们的影响力不容小觑。但绝大部分消费者没有达到这样的境界。信息缺失、动员不足,有些人还有可能因为没有经济实力,对他们而言除了买最便宜的商品别无他选,种种原因都使得许多消费者持有观望心态。他们期待由企业迈出第一步,由企业提供可信的新消费方式。而企业呢,如果看不到消费者做好了改变消费方式的准备,它们不会贸然行动。总之,大家都在观望。局面好似一条死胡同,如何是好?

有一种可能,就是鼓励最有前途的那些做法。要鼓励扶持"先锋",与他们一起验证新的做法能够给生态、社会和经济各方面带来多元红利,这样就"有故事可讲",能激起其他人的欲望。公共订单,也就是中央政府和地方政府的采购,就是很好的创新领头羊。相比禁令,惯性和对变化的惧怕的确是创新更大的阻滞力量,公共市场的优势就在于它能够带动形成转向循环经济或功能经济的良好风气。但的确，对于功能经济来说，地方政府征收增值税的方式也必须要做出调整。

功能经济里，有时经济扶持过于以投资为对象，压抑以"使用效益"为商品的经济模式的发展。前面提到过的专营干洗业务的中小企业的案例里，干洗店如果更换升级机器以符合法律要求，就能获得投资额50%的补助。不过如果它决定购买干洗次数，也就是说它自己不用出钱购买新机器，那它就没有获得补助的资格。这两种情况提供的服务不同，一边是传统经营方式，另一边是功能经济，它们到今天尚不能在补助问题上享有同等待遇。

货币也是信息的载体。不管是信用货币（就是您口袋里的硬币或纸币）还是电子货币，它总是使用同一种单位。然而，货币有三种功能：衡量标示一种商品或服务的价值；为交易提供便利；方便储蓄。同一种工具集三种截然不同的功能于一身，必然需要一些妥协。在转型的现阶段，替代货币可以发挥重大的作用。它可以支持地方经济和社区商业的发展，"转型中的城市"这个网络就是一例，替代货币只能用于支付参与这个项目的商铺和作坊。此外，替代货币还能支持中小企业发展，帮助他们更好地解决现金流不畅的难题。瑞士目前的第二种货币 WIR 就有这种功能。这个货币与瑞士法郎挂钩，不过由一家专为会员服务的协作银行发行。它为企业间的经济往来提供便利，帮助瑞士中小企业获得低息贷款，起到为经济活动周期性减震的作用。从这个例子可以看出，替代货币同样可以推动发展工业生态或功能协作经济。货币，或者说各种货币，既是信息载体又是贸易"助推剂"，在今天实属"大材小用"。

大学和精英学校对未来工程师和管理人才的培养至关重要：它们是未来经济决策者的摇篮。时至今日，生物和生态学，这些能教我们看懂人类活动与生物圈的密切联系的学科，人们怎么可能眼睁睁看着相关课程在高中会考结束后就销声匿迹？

除了年轻毕业生以外，还必须对国家机关的采购推荐人员进行培训，使变革行动具有扩散效应。还应培训采购人员，让他们综合考虑价值和整体成本，摒弃"低价至上"这样的最终可能得不偿失的思路。

最后，我们在上一章已经看到，创新和创造价值的新过程的开展中，合作能力具有决定性作用。我们的教育制度教给学生这个能力了吗？今天，除去几个特例以外，教育制度的首要逻辑是挑选学业最优秀的学生并将他们引入"精英"学科。到今天，教育制度寻找看重的依然是个人在各方面的能力。工作和专注能力、记忆能力、（偶尔也重视）创造能力都是通过个人独立作业来判断评估的。孩子们被要求合作完成集体作业的机会极其罕见，其实这才应是一种普遍的标准。

即便有集体作业，合作的要求和"游戏规则"也很少得到事先解释或小组讨论。然而，在职业生活中，用上个人能力的线性发展模式日益式微。现在企业需要的是应变能力、创造能力和协作能力。推进"共同生活"、互助和社会凝聚力，也同样需要这些品质。时不我待，学校应该从最稚嫩的年龄开始就教会孩子集体协作和集体智慧。并且这种努力应该在各领域、各种情况中长期得到发扬光大。

人类与生物圈：从征服到携手

成为"自然界的统治者和主人"[①]。勒内·笛卡尔这句口号得到了广泛的响应。把《方法论》的这句名言视作人类进入现代性[②]的里程碑，兴许并不夸张。站在21世纪之初，回望这句奠基宣言——甚至可以说是"奠基神话"——给西方文明带来的后果，我们不禁要对笛卡尔做出苛刻的评价。

[①] "我刚刚学到一些物理方面的基本知识，开始在不同的困难中体验到物理知识，就注意到这些知识能带人走得多远，意识到它们与我们迄今为止一直遵照的那些原则有多么大的差别，我相信不能隐瞒它们，否则就会严重违背尽量为人类获取利益的原则：因为它们让我明白，人类有可能获得对生命极为有用的知识；完全有可能找到一种实践哲学，而不是学校里传授的投机哲学，了解火、水、空气、星体、天空、其他围绕我们的事物，像我们熟悉每位工匠的每一种职业那样清楚，我们可以以同样的方式将它们用于所有适合的用途，从而成为自然界的统治者和主人。"参见勒内·笛卡尔，《方法论》，1637年。

[②] "或者更准确地说应该是人类的一部分，欧洲和西方那一部分。他们在殖民战争中获胜，将自己的发展模式强加于世界的其他部分。"参见贾雷德·戴蒙德，《枪炮、病菌和钢铁》，1997年。

对于现代性的缔造者来说，现代性一词表述的是人类命运的超验视野，它的首要任务是证明精神高于物质，理性战胜任意性。在这种思路下，面对曾让人类付出沉重代价的"恣意妄为"的大自然，想要借助科技的手段去战胜它，再正常不过。当时现代医学刚刚起步，要用来抵御疾病，尤其是传染病的肆虐，可谓力不从心。笛卡尔那个年代的人并不比旧石器时代的采集狩猎者活得更长。农业无力抵御变化无常的气候，病虫灾害也是屡屡打击本已少得可怜的收成，饥荒可谓家常便饭。笛卡尔的年代，人类的生存条件艰苦、朝不保夕、脆弱无力，不会让人想到要保护自然。人们远远看不到自然充满善意，也不会认为她是满足人类需求的大地母亲，相反，她被视作一种威胁，甚至是当时绝大部分灾难的根源，首当其冲的就是饥荒和瘟疫。别忘了，在笛卡尔写下这几行字的时候，全球正处于严酷的气候异常期，时间长达几个世纪，冬天时间长、气温低，现在我们称之为"小冰川期"。所以，17世纪的现代性指的就是要驾驭、规划、组织一切以逼退自然的无常，就是要尽其所能战胜生命界的变化和不定。

"人定胜天"的历史也并非始于此，而是在比新石器时代还要早千万年的时候就已经开始。1637年的笛卡尔只不过是给这漫长的事业冠名而已。也正是在那个时候，即8000年前，人类与大自然经历了第一次真正的断裂，因为农业的出现引起许多人生活方式的改变，他们由此从狩猎采集者逐步过渡为种植畜牧者。

自那以后，随着启蒙思想的发展，18、19世纪的探险征服，牛顿、瓦特、巴本、卡诺和众多发明者带来的现代机械科学，第一次工业革命、第二次工业革命，以及20世纪中叶的"绿色革命"，上面的第一次断裂被一次又一次地延伸和扩展。

勒内·笛卡尔的年代，船只用木材建成，用风帆做动能，最复杂的农机也只是用木材建造并由马、牛来拉，甚至更常见的是用人的胳膊来推，我们却生活在化石能源世界。不久前，这些能源还是那样的取之不尽和低廉。我们身边的事物无一不用化石能源制造：混凝土、金属、玻璃、塑料。这些能源也还能在一段时间内依然丰富低廉。我们与笛卡尔的同时代人不同，他们与大自然发生着直接的关系，而我们却仿佛与自然界切断联系，仿佛置身自然循环之外。我们似乎在自己和其他生命之间竖起了一道玻璃墙[1]，肉眼不可见但在思想上却无比坚固。

那么，我们赌赢了吗？要求人类脱离其"天然子宫"的现代生活超验视野，究竟有没有达到它的目的呢？若是仅仅满足于对健康长寿或是婴孩早夭的数据的匆匆一瞥，我们的回答可能会是肯定的。可惜，深度分析和全局视野却会让这

---

[1] 这道墙仅仅为地球75亿人口中最富有的10亿人带去福利，而无利于其他人。

个泡影瞬间破灭。我们没能让自然资本更加丰富，相反我们一掷千金，我们没能合理利用以生命新陈代谢为基础的物质和能量的流，我们只是守着不可再生的化石资源坐吃山空。我们没有守护资本，没有像"好家长"一样管理和负责。地质时代馈赠的遗产，我们只用了几代人的时间就挥霍殆尽。然而，仿佛为了嘲笑我们，沙尘暴、泥石流、渔场枯竭不时爆发，或是任性的冰岛火山火光冲天①，这些都在提醒我们，哪怕用尽力气，哪怕有最先进的技术，我们依然既非自然的统治者，也非它的主人。

前人这种稍显自大的做法直接导致了我们今天的危机。但因此而责怪他们却没有道理，在他们当时的知识范围内，他们已经尽力了。勒内·笛卡尔的超验视野是时代的产物，而且，仅从医学和卫生这两个方面取得的成就，就可以说他参与缔造的现代性的奠基神话让千百万人的生活在几个世纪内得到了显著的改善。

然而，如果在今天还继续这样的幻想，却毫无意义。我们不是要放弃理性，而是需要另一种叙事、一个新的奠基神话。这个神话需要以人与生命之间更公正、更完整的关系作为基础。这种新的人与生命界的关系是后现代的，甚至是后

---

① 冰岛艾雅法拉火山于2010年喷发，造成几千架次航班取消，媒体为之哗然。

新石器时代的。它需要另一种视角,因为今天需要超越的不是自然界的局限,而是要超越由于缺少正确的思考框架,我们的感觉、我们理解复杂现实的能力所遭遇的瓶颈阶段。

几年前,伯尔纳·舍瓦旭索·路易提出再度引入"照料"(ménagement)一词①,用来描述我们"管理"生物多样性的介入方式。这个早已被弃之不用的古老法语词汇进入英语之后又穿着"管理"(management)这样的拼写外衣回到了法语中。这个词最初的语义与今天略有差异。过去有一本非常著名的多次印刷的书,题为《田野和城市的共处:新法式园丁》。这本有关厨艺和园艺的著作——要是在新食材和慢餐风靡的今天一定会符合时代风尚——强调在某种程度上,必须懂得放手,不要总想驾驭一切,有些事物不需要人介入就能成功运转,要相信它们,温柔地陪伴它们。其实这与一些新的企业管理方法正好契合,比如"(能量)被释放的企业"或"共同发展"这些模式。这些模式更多依赖的不是驾驭和控制,而是相互信任、独立自主以及"给予能力"。试想我们与自然的关系也往这个方向发展会是怎样的情形?

一名冲浪者在海浪中穿行,他站在冲浪板上,矗立浪尖。要在那里尽可能长久地保持平衡,他必须顺应海浪的巨大力

---

① 2006年11月15日,伯尔纳·舍瓦旭索·路易在法国参议院举办的"为生物多样性共同行动"大会上发表的演讲中提出这一范畴。

量,他根本不会想方设法控制海水或改变其方向。这样丝毫不会削弱他的主动性或创造力:他关注海浪的起伏,随时变化姿势调节平衡。如果我们也像冲浪者一样,懂得谦逊、反应敏捷、富有创造力,我们也能长时间驻足于演化的风口浪尖屹立不倒。一旦我们傲慢粗鲁,就会被掀翻吞噬。

思想和行动的框架

"手中只有一把锤子的人看什么都是钉子。"这句民间谚语以通俗易懂的方式道出了我们的惯性,即寻找简单通行的方法解决一切问题。这是一种危险的幻想。另一个常见的误区,则是相信每个问题都可以孤立起来找到一个对应的办法。比如有可能不顾生态问题,采取一些经济上的措施,尝试"让经济复苏"。简单思维的特点是总想为"每个问题找到相应的解决方案",可是最终往往自食其果,不无讽刺地发现"每个解决方案背后都带来新的问题",有时甚至比初始问题更加麻烦。没有系统的视界,就走不出乱局。

三十多年来,"可持续发展"始终未能扭转资源枯竭、贫富不均加剧、生物多样性遭到破坏、海洋荒漠化、污染累积和气候变化这些局面,严重影响了这个天生发育不良的概念的可信度。其实它根本就像发达国家和发展中国家艰难博弈的政治畸形儿。缺口甫一打开,就有人奋不顾身地往里跳。一方面有人更愿意否认存在问题,声称技术和市场自会找到办法。另一方面,还有人借口"去增长"。"去增长"学说源自首位将热力学与经济相联系的尼古拉斯·乔治斯库·罗根的研究,有一定的道理,不能一棍子打死,毕竟总有一天我们会需要降低物质和能量的"流"。但不得不承认,这个概念实在不好推销。

可持续发展的政治视界可以一图以蔽之,很简单。这个概念实属老生常谈,无须在此赘述。它是要把三个"界"——生态、社会和经济——互有交集地并列放置。三界的中心交集就是可持续发展地带,被三个形容词——可信的、可生活的、平衡的——恰到好处地环绕,意指可持续发展应该同时具备这三种特征。

这些词,与其说昭示着一种真正的政治雄心,不如说是映射出一种妥协,但选得还不错。然而这图式经不起分析:它贴了一些概念上去,却并未说明这三"界"之间的互动情况。这就给了可持续发展的反对者以机会,提出"弱持续"理论,即各界之间可以互换的想法。在这些人看来,只需增长可使用的财富的数量,就能弥补生物圈的恶化和自然资源的枯竭,减轻这些问题的严重性。然而终有一天资源用尽,生物多样性终将成为遥远的过去,唯有动物园里能够找到它的一丝痕迹,那个时候究竟该怎么做,这种理论却只字未提。

为了避免误读,法国经济学家、发展问题专家勒内·巴赛建议调整这三界的布局。巴赛的图式中,这三界被保留,但是相互嵌套的关系,最大的是生态界,它包含人类界,后者自身又将经济界纳入其中。每个"整体"都与其他整体形成系统,每个整体又受到自身所处的系统的限制。人类作为生命体的一个物种,没有超越生物圈界限的可能。同样,经济活动也是社会界内部的一个次系统。

只消稍稍补充一下勒内·巴赛的图式,就能呈现各种"流":阳光向生物圈提供能量,经济界与社会界之间亦有能量流动,因为经济活动"消耗"各种能力和劳动又反过来支付酬劳。经济还会对社会产生外部性,积极外部性如新能力的创造,消极外部性如压力、社会排斥等。经济界消耗生物圈提供的生态服务和资源,因此与生物圈之间也有互动。它的环境外部性大多是消极的。新图式被如此补充之后能呈现出各重点的系统关系,但还是不能指明究竟应该做什么。那怎样才能从抽象的概念框架过渡到行动呢?

为了说得更透彻,我们拿经济中的关键因素打个比方。农业是人类设计管理的第一种生产系统。很长一段时间内,农业一直是第一产业的支柱。直到不久前,它一直与生物圈直接相关联,没有借助其他外来资源。农作物所需能量的唯一来源是阳光,有机物原地变为施堆肥料加以再利用,耕作用的牲畜力饲料直接来自植被,其粪便又能使土壤变得更加肥沃。这是一种循环经济,虽然这更多的是因为人们没有别的选择而不是人为选择的结果。

永续农业远非怀旧理念，它是对这些原则的当代、创新、博学的新阐释。这个理念由澳大利亚生态学家比尔·墨利森和戴维·洪葛兰于20世纪70年代提出，它倡导一种向生态系统的自然运转学习的系统框架，理想是设计出可持续农业生产的系统。

永续农业的目标是使财富、生物多样性，以及土壤作为生产的依托所提供的生态功能都得以维持。这个目标能否实现取决于以下条件：

1. 以可承受的方式使用自然资源和生态功能；
2. 重视生物多样性和不同农业生产种类之间的互补性；
3. 系统性的、全局性的视角；
4. 节约使用资源和能源；
5. 提高劳动和信息的贡献，警惕微弱信号；
6. 意图明确、遵守伦理、尊重生命。

您会发现这里唯一一个与农业相关的词是"土壤"。永续农业是无比强劲的理论框架，完全有可能被借鉴到农业生产之外的众多领域。

要把永续农业的理念延伸到经济领域，我们得把"永续农业"一词替换成另一个新造的词"永续经济"，把"土壤"换成"生物圈"，再加入"自然资本"和"经济"：

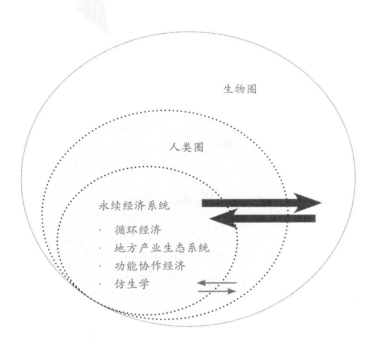

永续经济系统与生物圈之间的交换
➡️ 对自然资本的再投资
⬅️ "流"最小化（重新同步）

永续经济系统与人类圈之间的交换
⬅ 专业能力，经验
➡ 薪资、外部性。对人力和社会资源进行再投资

永续经济图示

永续经济的目标是使财富、生物多样性以及生物圈作为自然资本、经济生产的依托所提供的生态功能都得以维持。这个目标能否实现取决于以下条件：

　　1. 以可承受的方式使用自然资源和生态功能；
　　2. 重视生物多样性和不同经济活动之间的互补性；
　　3. 系统性的、全局性的视角；
　　4. 节约使用资源和能源；
　　5. 提高劳动和信息的贡献，警惕微弱信号；
　　6. 意图明确、遵守伦理、尊重生命。

　　做了这些改动之后，这一段话就呈现出新的框架，它包容一切，具有系统性和实用性，措辞简单可以广泛应用到整个经济当中。

　　按照勒内·巴赛的建议，我们将可持续发展图式重新布局，也加入每个界域之间发生的主要的"流"。现在来看看，在这个基础上，怎么才能使它更加丰富。可持续发展的经典图式中的圈域被重新命名，生态圈变成生物圈，被"永续经济"替代的经济圈成为社会圈的一个次系统，而社会圈本身也获得了一个新名字：人类圈。

　　这个图式像"永续农业"一样，灵感取自生物圈的运转，呈现出一个平衡却不停滞——它必须能够不停演化适应——

的系统。经济和生物圈再度连接同步：得益于可再生资源的生产力的彻底提高，物理流和能量流被降至最低。循环经济使价值的创造不再依赖对自然资源的消耗。信息的流通、对微弱信号的密切关注和合作也会限制系统的熵值。信息的流通还会因替代货币的加入发挥更大的能效。最后，经济次系统的消耗会以人力资源、社会资源和自然资源再投资的形式得到补偿。

永续经济是一种能够自我维持永恒运转条件的经济。它与生物圈的界限兼容，为人类可持续的繁荣昌盛做出贡献。它提倡的系统观可以用十分浅显的方式来解释。它让人们理解真实情况的复杂性，却并不过度简化，它也可以成为强大的教学框架。

最后，永续经济的理论框架提出全局性、系统性（因为它凸显出互动）的图景，其推导出的原则却是因情况而异的。它们在不同的情景中被细化：项目主持、企业管理、经济模式设计、生产模式设计、价值链或是地方合作经济的设计等。这个经济图景的设计既非由下至上，也不居高临下，它给每一个人提供武器，让他在自己所在的高度和情景中采取行动。

抓住机遇

> 干好零活的第一要则就是留好每一个零件。
> ——阿尔多·利奥普（Aldo Leoplod）《沙乡年鉴》

想象我们身处一座巨大的图书馆之中，我们使用书本的唯一方法就是焚烧取暖。很荒谬，不是吗？这简直令人愤怒，太不负责任。然而，这就是我们今天施加于生命体身上的"暴行"。

每一个物种都是一本书，是一座知识宝库。如果我们用心寻找，它们就能带我们走向超乎想象的新天地。每一个生态系统都是一座图书馆，其藏书量令人兴叹，而其中大部分的书本我们都还没有听说过。我们现在任其消失的正是这些宝藏，而且大部分时候根本不会为之动容。

如果生命体一旦成为我们中间某些人的创新之灵感源泉，这听起来也不太糟糕吧，因为能带我们走得更远。仿生学不应该仅仅被理解为加速创新、生产更强大的材料或是提高组织灵动性的机会所在，它还应该，尤其应该引领我们重新思考人类与生命体之间的关系，让我们从自然的噬食者乃至超级噬食者变为生物圈的共生体。

借鉴生命体而创新，当然很好。由生命体而创新，为生命体而创新，更加美妙。将我们的创新造福于整个生物圈当然也包括人类的福祉，这是对自然"图书馆"的保护，是打开各种可能的道路，哪怕在不定的世界中也无所畏惧。这就是奥尔多·利奥波德说的"留好每一个零件"。

"永续经济"这个经济的新理念，源自生命体，服务于生命，是一次不容错失的好机会。为什么？

因为一味强调要应对的危险往往只会加剧否认倾向。惧怕肯定不是行动的动力。因为机会就在眼前，真实而又触手可及。

因为这意味着可持续的生产模式，它具有低能耗、高信息量、多元、抗击打性强、适用于各阶段各层级（产品、工艺和流程）的特点。

因为这是除伦理、哲学、美学论据之外又一条保护生物多样性的理由：每当一个物种灭绝，随之而消失的还有本可以从此汲取灵感而创新的可能。

因为这是学习合作、创造共同语言、理解我们生活在一个相互依赖的世界中的绝好机会。

因为生物多样性是座难以置信的策略宝藏，让我们有备而来地面对不测：在38亿年的历史长河中，它经历风雨坎坷，每每获得重生！它让我们学会应变、合作、适应、扩展适应、绝地反弹。它让我们拒绝害怕复杂，并在复杂中找到行进中的世界的钥匙。

因为它将生物多样性的保护、创新、生态系统的修复、价值的创造联系在一起，它发出的声音是许多经济决策者——哪怕是最"不屑"的那一部分——能听进去的。

我们面前是个绝好的机会，告诉世人所谓"我们的时代，手段层出不穷，目标极度混乱"的流行说法完全是一派胡言。手段，是循环经济，是功能性经济，是仿生学，是自然资本，是所有这些新经济模式和相关的生产方式。目标既雄心勃勃又易于表述：我们要打造运行新的经济，它能够依靠自我去维持永恒发展的条件，能够创造人类可持续的、与生物圈共享的繁荣的条件。

"永续经济"，也许这个词会留下来，也许不会。重要的是其思想能够得以延续，能够赋行动以意义，由此继续影响行动中的人，影响经济的缔造者。

附录

永续农业的基本原则及其在永续经济上的应用

戴维·洪葛兰在《永续农业》这本奠基性著作中提出永续理念的12条原则。本附录将这12条原则列出，并尝试将其运用到广义的经济上。当然，读者还需要将这些原则变得更加丰富，适用于每一个具体情况。

1. 观察与互动

永续经济意味着从生命体及其运转方式中获取灵感，意味着行动时充分意识到系统的不同元素间发生着互动，尤其在经济和生态系统提供的服务之间的互动，意味着要解读历史从而识别正在发生的变化，哪怕是时间跨度很大的变化。

2. 获取并贮存能量

要发展永续经济，就需要优先开发分布四处的可再生能源，理性地使用它，以"使用"为先，提倡共享能源以达到梯级利用的目标，提高其生产力（比如通过发展部署产业生态系统、电热联产、热网等方法）。

热力学的第二定律同样适用于经济。它需要在生产和消费系统的设计阶段就被充分纳入考量。

3. 获得一种产出

要想成功过渡，就必须寻找可承受的、有收益的经济模式。这就需要识别新的价值创造杠杆。比如在设计阶段就整合考虑到外部性，就会从利润中拨出一部分用于再投资和创新。

4. 运用自我调节、接受逆作用

永续经济是一种分形式的经济模式，让我们在不同层级将它演绎成具体方案。信息密集型模式（逆反应环路、可追溯性、协同合作、共同生产、经验分享）是限制生产消费系统熵值的有效模式。另外同样重要的是，接受失败的经验并分析（与成功的经验一样）。

5. 重视可再生资源与服务的价值并加以充分利用

要发展永续经济，就要用可承受的方式去使用来自生物圈的材料，就要理性使用不可再生的资源、借助新的价值创造模式彻底提高其生产力，而不是一味地寄希望于回收利用。

如果能更深入地考虑到生命世界的运转方式，就能合理地、以可持续的方式利用生态系统提供的服务。

6. 制造零废弃物

自然从不制造废弃物。在永续经济里，减少废弃物的意义就是延长产品设备的使用寿命，通过"重使用，轻拥有"的经济模式提高自然资源的生产力，充分利用全部产品（共同生产的产品、不可避免的热量损失等）。

当然，最后的再生资源化还是必需的，但只是在真的没有别的选择的时候，而且是当循环经济的所有回路都已用上了之后。

7. 设计：从图案到细节

永续经济是分形经济模式，它能在不同规模具化成适应每一种特殊情况的方案。这就要求我们去思考，要让价值创造模式适应于每一个地方、每一个市场或每一位客户，都会有哪些具体影响。产品的服务化要求语境化和个性化，尽量贴近客户的真正需求。

8. 整合而非分割

永续经济邀请我们加强经济主题间的协作关系，推崇信息在任何情景中的畅通。要想建构高效的系统，就需要寻找互补性和合作力并加以发挥利用，不管是地方性的合作、一个机构组织内部，还是一整条行业链里面。

9. 采用渐进细致的方案

应该大力发展符合具体使用情况的因地制宜的产业系统。永续经济是要让经济适应每一片土地、适应人的需求（而不是相反）。何不尝试低耗创新，用更少的资源创造更多的价值？

10. 利用重视多样性

对自然资源再投资就意味着保护生态系统的功能多样性和演化的可塑性，从而提高它们的复原能力。功能经济的一个要素就是价值模式的专长和组成部分不断增多，这样才能满足客户的需求。地方产业生态系统则需要尽可能多元的企业以促进能量物质流的循环。在一个企业或任意组织机构内部，多样性也是宝贵的资源。寻找和促进多样性，就是在投资未来。

11. 重视边缘效应

在永续经济中创新和适应，就是要承认微弱信号的重要性，思考什么才是真正的价值创造杠杆，重审边境和领土界限的作用，我们会发现它们不是屏障，而是交换地带。

12. 用创造力去应对变化

在永续经济中，问题就是解决方案！负面的外部性应该成为寻找其他价值宝藏的契机。它呼唤我们投入别样的创新——朴素式创新，扩展适应等；还呼唤我们从失败中吸取经验。

仿生学及其在不同层面的应用

仿生学是美国生物学家、作家珍妮·本尼亚斯在永续农业被提出 20 年之后推出的概念。它提倡用全新的眼光去看待生命体，后者应该像自然资源一样成为灵感源泉，或更甚。对于大众来说，仿生学通常与技术创新或产品外形设计有关，比如飞机的机翼和日本磁悬浮列车酷似鸭嘴的车头。其实仿生学的应用范围远不止这些。它提倡更广地向整个生物圈的运转以及其中所有互动学习，去从事可持续的创新。

的确，生物圈的进化和整体运转遵循几条原则[①]。这些原则十分简单，可以用作依据，去评估我们的决策和投入市场中的创新。

原则 1：大自然使用的能源主要来自太阳，大洋深处的海沟除外，因为它使用的主要是火山能。太阳能好比是生命体发动机的燃油。

原则 2：能源必须理性使用。一个物种如果能找到自己的生态模式并在其中维持下去，那它就是一个在能源使用问题

[①] 霍格兰德和多德森、仿生学协会对生命世界的运转原则做了详细描述。参见高蒂尔·夏佩尔（Gauthier Chapelle）、米歇尔·德古（Michéle Decoust）：《来自生命世界的榜样》，阿尔班·米歇尔出版社（Albin Michel），2015 年。

上高效的物种。否则就迟早会被另一种更高效使用能源的物种取代。注意，这种情况也可能发生在人类这个物种身上。

原则3：大自然将其所有的组成部分当作资源回收。我们人类、侏罗纪恐龙或是寒武纪鱼类都是由同样的原子构成的。到目前为止，这一特点对我们还是十分有利的。

原则4：大自然有赖于生物多样性，生态系统的丰富性、生产力和复原性是千差万别的生命机体间利用互补性和重复性无限互动的结果。相反，一个贫瘠的或是被简化的生态系统面对逆境时会更脆弱，适应能力更差。在充满不确定性的世界里求生，关键在于生物多样性。

原则5：上一条原则的自然结果，就是自然系统依赖同类或不同类物种之间的合作，其依赖程度远远超过我们的想象。协作共生的趋势是长期共同进化的结果。共同进化中，植物学会与菌类合作以获取土壤的养分，就像我们无意识地与细菌合作去消化食物一样。让·玛丽·佩尔特总结得很到位，进化是两条腿走路，"在协作中创造，在竞争中淘汰"。

原则6：自然用的是本地资源和专长。"地区"尺度大小当然是可变的，而且所有的生命系统都有内在的联系。但只有在就地取材的时候，在发挥每片土地的特性的时候，在地方范围内寻找互补合力的时候，生命系统才能维持其复原性和适应能力。生存，就是与他者联系在一起。

原则7：自然视制约为机遇。每一个系统元素的变化，每一次新的进化压力，都是进化的机会，也就是创新的机会。在共同进化过程中，拒绝变化无济于事，顶多只是暂时赢得一点时间，直到突破变得不可避免。相比更灵活地做出改变而言，这样的做法到最后往往得不偿失。

仿生学的三个运用层面

这七条原则适用于不同层面。人们很容易想到受到生命体启发而设计出来的产品,但生命体和它们赖以栖身的生态系统可以为其他的人类活动提供灵感。一般认为有三个运用的层面。

第一,当然就是仿照生命体的外形或构造设计发明新产品。举例说,有人发现鲨鱼皮上不会形成任何生物膜。由于鲨鱼皮有着特殊的纳米构造,细菌无法附着,这样鲨鱼就有天然抗细菌的能力,无须任何杀菌或驱赶剂。这种特效的一种可能的应用就是设计医院用的抗菌涂层,防止在医院里感染病菌而患病。

第二,工艺设计。这一层面关注的不是结果而是通过哪样的工艺获得想要的结果。很多生命体都有能力合成物质,储存或还原能量,然后达到令人类羡慕的结果,而且还仅仅使用极少的资源。最经典的例子有,硅藻或海绵能够在常温下有控制地让硅结晶从而合成玻璃,还有鲍鱼能够用海水中的悬浮物合成极其坚硬的陶瓷,或者还有蜘蛛吐出的丝网与纤维 B 有着同样的机械特性。所有这些例子的共同点在于,在常温下发生化学反应,不产生任何有毒物质,产品可以变成再生资源。对于绿色化工、工艺工程和整个工业来说,仿生学在这一层面可以说有着无限的应用潜力。

第三，从生态系统本身的运行方式中，从它们内部运转和交换以及新特性的涌现过程中获得启迪。农业生态就是对生态系统自然运行的效仿。它在一个农业生产体系中，在人的控制下，复制植物间的互补性，目的是尽可能理性地使用资源（水和养分）、预防疾病和虫害的侵袭。产业生态，今天更合理地被称作地方产业生态，其目的就是将一个地方的不同企业的物质和能量流建成一个网络，以更好地利用能源（比如借助热网）和所有的共同产品，"变一部分人的废为另一部分人的宝"，其实这就是生态系统的真谛。

第三个应用层面也是生命体集体智慧的层面。的确，社会性昆虫、植物或菌类解决复杂问题的方式可以给我们的领导者和决策者很多启示。这些新的方式在结构上更呈扁平化，但也因此涉及更多人，反应更快，它们使我们更好地利用新事物的涌现，一方面提高每个人的个体水平，一方面又加强集体的能力，使集体的应变能力高过所有个体相加的总和。要在一个群体中运用集体智慧，就需要领导者从一开始就调整姿态，还需要所有人都接受极其看重彼此尊重和协同合作的集体规则。